MANUAL DE USO DE EXPLOSIVOS

en minas, canteras e ingeniería civil

MANUAL DE USO DE EXPLOSIVOS

en minas, canteras e ingeniería civil

CARLOS TUÑÓN SUÁREZ

Ingeniero Técnico de Minas
del Cuerpo de Ingenieros Técnicos de Minas
del Ministerio de Industria y Energía

EDICIONES OMEGA, S. A.

Plató, 26 / 08006 Barcelona

ISBN: 84-282-0855-7
Depósito Legal. B. 18257-88
Printed in Spain
EGS - Rosario, 2 - Barcelona

ÍNDICE DE MATERIAS

INTRODUCCIÓN

Este breve Manual está destinado al personal de empresas mineras, canteras, construcciones, ingeniería civil, pozos, etc., que por necesidades de su trabajo usan y manejan explosivos, para lo que precisan estar en posesión de la correspondiente cartilla de artillero que, con una validez de cinco años y previo examen, otorgan las Direcciones Provinciales (Sección de Minas) del Ministerio de Industria y Energía u Organismos equivalentes de las Comunidades Autónomas.

También puede ser de utilidad a técnicos a pie de obra, que en un momento determinado precisen efectuar alguna consulta o aclaración concreta sobre el uso de explosivos.

Asimismo a contratistas, poceros, estudiantes de ingeniería, etc., que en él encontrarán un auxiliar que les facilite su labor.

El Manual está redactado de forma clara y sencilla, evitando tecnicismos y fórmulas complicadas, acompañado de ilustraciones para ofrecer más claridad a las explicaciones del texto.

Los temas tratados, consideramos que son suficientes para disponer de los necesarios conocimientos mínimos para trabajar con explosivos guardando las necesarias medidas de seguridad, imprescindibles en el manejo de sustancias tan peligrosas, pero tan necesarias en los trabajos de minería e ingeniería civil.

Por otra parte, creemos que su conocimiento y dominio facilita la adecuada respuesta a los cuestionarios y preguntas que se puedan formular al interesado en la tramitación de la cartilla de artillero.

Para quien desee ampliar sus conocimientos en tema tan complejo como es el de los explosivos, en el apartado de bibliografía se ofrece una suficiente relación de textos sobre la materia, en los que podrá encontrar respuesta a cualquier consulta relacionada con el tema.

Independientemente de cuanta información y conocimientos técnicos y prácticos se posean, queremos hacer hincapié en la necesidad, por parte de quien trabaja con explosivos, de mantener en todo momento las necesarias medidas de seguridad y prudencia, sin excesos de confianza que conlleva la experiencia.

El explosivo es un auxiliar de inapreciable ayuda en gran variedad de trabajos, pero que hace pagar muy caro los descuidos e ignorancias cometidos en su uso y manejo.

EL AUTOR

PRECAUCION
EXPLOSIVOS
EXPLOSIVO
1-10
NAGOLITA
25 KG
EXPLOSIVO
PRECAUCION EXPLOSIVO

Explosivos.

Carga del barreno.

Comprobación del circuito con el óhmetro.

Disparo de la voladura.

MANUAL DE USO DE EXPLOSIVOS

en minas, canteras e ingeniería civil

Capítulo 1

EXPLOSIVOS

GENERALIDADES

Los explosivos son sustancias químicas, generalmente en estado sólido, cuya rápida transformación en gases a temperatura elevada da lugar a un considerable y rápido aumento de volumen y temperatura.

La presión que dicho aumento de volumen produce se utiliza para demoler y fragmentar las rocas y minerales, en los trabajos de minería e ingeniería civil.

Los explosivos se transforman en gases de dos modos distintos: a la velocidad de unos metros por segundo, a lo que se denomina *deflagración* o a la de varios kilómetros por segundo, denominándose entonces, *detonación*.

Existen distintos y variados tipos de explosivo que se diferencian entre sí por su potencia, sensibilidad, estabilidad, velocidad de detonación, densidad, resistencia a la humedad, plasticidad, temperatura de explosión, producción de gases nocivos, etc.

La selección del explosivo adecuado para un determinado trabajo depende de diversos factores: trabajo en exterior o subterráneo, existencia de atmósfera inflamable o explosiva, presencia de agua o humedad, tipo de roca o mineral a volar, grado de fragmentación que se desea, diámetro de los barrenos, etc.

No siempre el explosivo de más potencia es el más adecuado. Hay que seleccionar el más conveniente según las distintas circunstancias.

Para provocar la reacción explosiva entre las diversas sustancias que componen un explosivo es preciso partir de una pequeña detonación inicial, cuya onda explosiva actúa como cebo iniciador y da lugar a la explosión principal. Esto se consigue con los denominados detonadores, colocados convenientemente en un cartucho llamado cebo, o bien, adosados a cordón detonante, como más adelante detallaremos.

Al hacer explosión el cartucho cebo o el cordón detonante en un barreno, lo hace también por *simpatía* el resto del explosivo.

Las operaciones de perforación, carga con explosivo y disparo de los barrenos se denomina *pega* o *voladura,* indistintamente, aunque suele utilizarse la palabra *pega* más frecuentemente en trabajos subterráneos, como son minas de interior y túneles.

CARACTERÍSTICAS DE LOS EXPLOSIVOS

Las principales, según su composición, son las siguientes:

Estabilidad química

Cuando el explosivo se mantiene químicamente inalterado bajo unas determinadas condiciones de almacenamiento.

Velocidad de detonación

Es la que nos indica la velocidad de la onda explosiva. La velocidad de detonación en los explosivos industriales está comprendida entre 2000 y 6000 metros por segundo.

Existe el error generalizado de considerar más eficaz un explosivo cuanto mayor es su velocidad de detonación, lo que no se ajusta a la realidad.

En rocas blandas (arcillas, yesos, etc.), nos dará mejor resultado un explosivo de baja velocidad. Por el contrario, en rocas muy compactas y cristalinas, como el granito, es aconsejable la utilización de explosivo de alta velocidad.

Aptitud a la propagación

Define la facilidad de transmitir la detonación de un cartucho a otro, cuando están en contacto o si existe algún elemento que los separe. Cuando la detonación de un cartucho provoca la de los inmediatos, se dice que lo efectúa *por simpatía.*

Potencia explosiva

Nos indica la capacidad del explosivo para producir roturas mecánicas y consecuente arranque de la roca o mineral.

Como tipo de referencia se toma el del explosivo goma pura, al que se le da un coeficiente 100.

Resistencia a la humedad

Es una de las características más importantes en un explosivo. Los explosivos a base de nitrato amónico, en general, son poco resistentes a la humedad. Por el contrario, los que contienen nitroglicerina, por su impermeabilidad, se comportan mejor en ambientes húmedos o con agua. Tal es el caso de las gomas.

Densidad de encartuchado

Depende en gran parte de la granulometría de los componentes sólidos y materia prima utilizada en su fabricación.

Por regla general los explosivos tipo goma y los hidrogeles (explosivos plásticos) son de alta densidad. Por el contrario, los pulverulentos y en grano son mucho menos densos.

En barrenos largos es aconsejable que la carga de fondo sea efectuada con explosivo denso, mientras que el resto de la carga (de columna) requiere un explosivo de menor densidad.

Resistencia a las bajas temperaturas

Los explosivos que contienen nitroglicerina pueden congelarse a temperaturas inferiores a 8 °C. (Sabido es que el agua lo hace a 0 °C.) Para evitarlo, los fabricantes le añaden como aditivo una sustancia denominada nitroglicol, con lo que disminuye considerablemente su punto dc congelación hasta los −20 °C.

No obstante y dada la peligrosidad de los explosivos helados, en temperaturas muy frías hay que prestar especial atención a los explosivos gelatinosos (gomas) por ser propensos a la congelación.

Humos

En trabajos de exterior no presenta mayores inconvenientes la formación de humos producidos por la detonación del explosivo. Por el contrario, en trabajos de interior es factor de gran importancia, por lo que hay que procurar la utilización de explosivos que produzcan la menor cantidad posible de óxido de carbono y vapores nitrosos, cuya aspiración es muy peligrosa.

EXPLOSIVOS MÁS USUALES. RELACIÓN

Existe una gran variedad en la gama de explosivos industriales fabricados en España y que cubren prácticamente todas las necesidades que se puedan presentar.

Por su aspecto físico y presentación comercial los explosivos se clasifican en: GELATINOSOS, PULVERULENTOS, ANFOS o NAGOS, HIDROGELES y PÓLVORAS.

Por su composición química, existen otros tipos de denominaciones, tales como cloratados, amoniacales, dinamitas, etc., pero en la práctica se limitan a los reseñados.

Para las minas de carbón con atmósfera explosiva, por la existencia de grisú o de polvo de carbón, se utilizan los denominados explosivos de seguridad, que eliminan el riesgo de explosión por los citados gases y ambientes pulvígenos.

También existen explosivos especiales para prospecciones sísmicas, de características especiales y que normalmente se presentan en recipientes metálicos que se ensamblan unos a otros mediante el uso de roscas.

Existe otro tipo de explosivos, llamados multiplicadores, que se emplean en las voladuras para iniciar convenientemente a los explosivos de baja sensibilidad, como los ANFOS y los HIDROGELES, al objeto de que éstos alcancen su máxima velocidad de detonación y desarrollen toda su potencia.

Los multiplicadores están fabricados con el explosivo denominado Hexolita, de alta potencia y elevada velocidad de detonación (7500 m/s).

También se fabrican explosivos para su utilización en voladuras submarinas. Como es lógico, están ideados para soportar grandes presiones y también la acción del agua y la humedad.

A continuación describimos brevemente las principales características de los explosivos reseñados.

Gelatinosos

Su componente primordial es la nitroglicerina, junto con otras sustancias de soporte. Normalmente se les conoce con el nombre de *goma.*

Por su potencia, son muy utilizados para la carga de fondo de barrenos, *parches,* cuando hay agua o mucha humedad y en general para el arranque y fragmentación de rocas muy duras y cristalinas.

Su inconveniente principal es que son muy sensibles a los golpes y que se congelan con facilidad, convirtiéndose muy peligroso su manejo. Se nota que están helados cuando en el papel de envoltura se forman unas manchas de aspecto aceitoso (que *suda).*

Nunca se debe utilizar explosivos helados, ni tampoco deshelarlos. Hay que destruirlos.

El manejo de explosivos gelatinosos puede producir un pasajero dolor de cabeza, producido por las emanaciones de la nitroglicerina.

El explosivo de este tipo más utilizado normalmente es el denominado comercialmente como Goma 2 EC.

Pulverulentos

Están compuestos por nitrato amónico, como base principal. Son bastante seguros a los golpes y choques. Son sensibles a la humedad, por lo que no se deben utilizar en barrenos con agua o mucha humedad.

Los más utilizados son la AMONITA y LIGAMITA.

Anfos

Son una mezcla de nitrato amónico y un combustible líquido. Son muy insensibles a los golpes y precisan de otro explosivo (goma o cordón detonante) para producir su explosión. Son muy sensibles a la humedad, por lo que nunca se pueden utilizar en barrenos con agua.

Tampoco es recomendable su utilización en barrenos de un diámetro inferior a 45 mm.

Normalmente se presenta a granel, en sacos de plástico de 25 kg.

El más empleado es la NAGOLITA.

Hidrogeles

Se componen de un agente oxidante y un combustible, dispersos en agua, formando un *gel.*

Son bastante seguros a la fricción y golpes, pudiéndose utilizar en barrenos con agua.

Por su plasticidad son muy adecuados para obtener alta densidad en la concentración de explosivo, al rellenar totalmente el hueco del barreno.

Se utilizan como equivalente o en sustitución de la goma. La presentación comercial es en cartuchos pastosos o envasado en pequeños bidones.

El más conocido es el RIOGEL.

Pólvoras

Son mezclas de azufre, carbón vegetal y nitrato potásico, principalmente.

No detonan, sino que deflagran. Para su explosión, estando confinadas, no precisan detonador, siendo suficiente el fuego a través de una mecha.

Su acción es de empuje, más que rompedora, por lo que son muy aconsejables en el arranque de mármoles y rocas ornamentales en general, al objeto de evitar la rotura y rajamiento de los bloques.

ELECCIÓN DE UN EXPLOSIVO

De acuerdo con las características y propiedades de los distintos tipos de explosivo, hemos de elegir el más adecuado de acuerdo con las siguientes condiciones básicas:

Tipo de roca a volar

Debemos tener en cuenta la dureza y compacidad, así como la fisuración y estratificación.

En una roca dura y compacta debemos emplear un explosivo de alto poder rompedor, al contrario que en las rocas blandas y elásticas, como las margas.

Tampoco es aconsejable utilizar en rocas blandas explosivo de alta velocidad de detonación. Aparte de su mayor coste, obtendremos peores resultados que empleando uno de menos velocidad.

Fragmentación

La clase de explosivo a utilizar dependerá del tipo de roca y de la fragmentación deseada.

Si precisamos obtener grandes bloques con cortes limpios utilizaremos un explosivo antideflagrante, como la pólvora negra. Tal es el caso de la extracción del mármol.

Por el contrario, si deseamos obtener un material muy fragmentado, que haya que triturar posteriormente, caso de los áridos para la construcción, se utilizarán explosivos rompedores, como las gomas.

Humedad de los barrenos

Hay ocasiones en que por las condiciones del terreno los barrenos se encuentran muy húmedos y hasta llenos de agua. En tales casos es imprescindible la utilización de explosivos resistentes al agua (gomas e hidrogeles).

Toxicidad

Hay que tener muy en cuenta dicha circunstancia cuando se emplean los explosivos en minas de interior y túneles, y en general en lugares cerrados y con escasa ventilación.

Atmósferas explosivas

En minas de interior donde haya peligro de existencia de grisú o de polvo de carbón, se utilizarán explosivos denominados de seguridad.

Diámetro y profundidad de los barrenos

En barrenos de un diámetro inferior a 40 mm se empleará explosivo que tenga una buena propagación, ya que si no existe el riesgo de que no detone. Por ejemplo, la nagolita no debe utilizarse en barrenos de un diámetro inferior a 45 mm.

Por otra parte, si los barrenos son profundos y verticales, y la carga se hace dejando descender libremente los cartuchos (práctica nada recomendable) si se utilizan cartuchos de explosivo muy sensible y con alto contenido de nitroglicerina, existe el riesgo de que se provoque la autodetonación por el golpe de caída.

Carga de fondo y carga de columna

En el arranque con explosivos, normalmente se precisa una mayor concentración de explosivo en el fondo del barreno, ya que en esa zona de roca presenta una mayor resistencia a la rotura.

Por ello la carga en el fondo debe hacerse con un explosivo de alta densidad, mientras que el resto de la carga permite un explosivo menos denso.

Capítulo 2

DETONADORES

Para provocar la reacción explosiva entre las distintas sustancias que componen un explosivo, es preciso partir de una pequeña detonación, cuya onda explosiva actúe como cebo y dé lugar a la explosión principal.

La acción de cebo se ejerce por medio de los detonadores, que son pequeñas cápsulas de aluminio o cobre, en cuyo fondo se encuentra comprimida una pequeña cantidad de fulminante de gran sensibilidad, capaz de entrar en acción bajo el efecto de la llama que produce la combustión de una mecha, o el paso de una corriente eléctrica a través de un filamento embebido en una masa de producto inflamable.

Hay dos tipos de detonadores: ordinarios y eléctricos.

DETONADORES ORDINARIOS

Están formados por un casquillo de cobre o aluminio que contiene un explosivo muy sensible.

Se inician por medio de las mechas lentas, que se engarzan al detonador con unas tenacillas especiales. Los hay *séxtuples* (n.º 6) u *óctuples* (n.º 8), según la cantidad de explosivo que contienen. El más empleado es el óctuple.

Los detonadores ordinarios son muy sensibles al calor, al fuego, al roce y a los golpes.

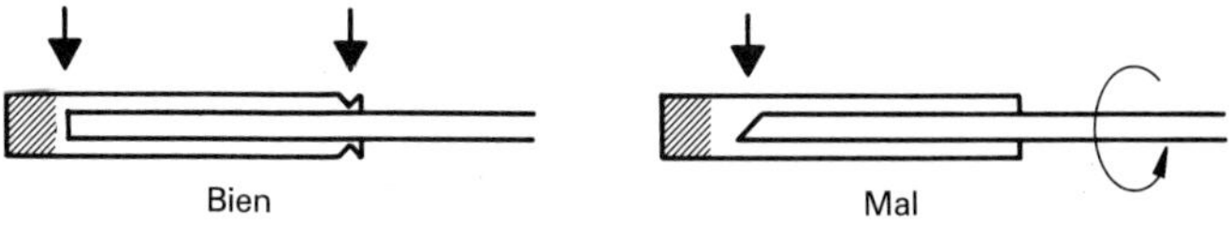

Fig. 1. Introducción de mecha en detonador.

Nunca se debe ajustar el detonador a la mecha apretando con los dientes.

Si hubiera alguna materia extraña dentro del detonador, no se debe soplar ni intentar limpiarlo. Hay que desecharlo y destruirlo.

Al introducir la mecha, hay que cortarla bien, nunca con el corte en bisel, y evitar que el extremo que se introduce en el detonador esté deshilachado.

La mecha debe entrar perfectamente hasta el fondo del detonador, introduciéndola con suavidad, sin girarla. Los impactos y los roces sobre el fondo del detonador son muy peligrosos.

DETONADORES ELÉCTRICOS

En ellos la explosión se produce al paso de la corriente eléctrica sobre un filamento introducido en una sustancia de materia inflamable.

Son los más empleados normalmente. Aunque su utilización es muy segura si se efectúa correctamente y con las debidas precauciones, hay que tener en cuenta que la *mayoría de los accidentes utilizando explosivos, está causada por los detonadores.*

Los detonadores eléctricos están formados por un detonador óctuple ordinario al que se le adapta un artificio eléctrico e inflamador en lugar de la mecha utilizada como elemento iniciador en los detonadores ordinarios.

Del detonador eléctrico parten dos hilos de cobre o de hierro, convenientemente aislados, que se conectan con el resto de los detonadores eléctricos de la pega, formando un circuito por el que se envía la corriente eléctrica procedente de un explosor, que los hace detonar.

En función del tiempo de detonación, se clasifican en: INSTANTÁNEOS, DE RETARDO y DE MICRORRETARDO.

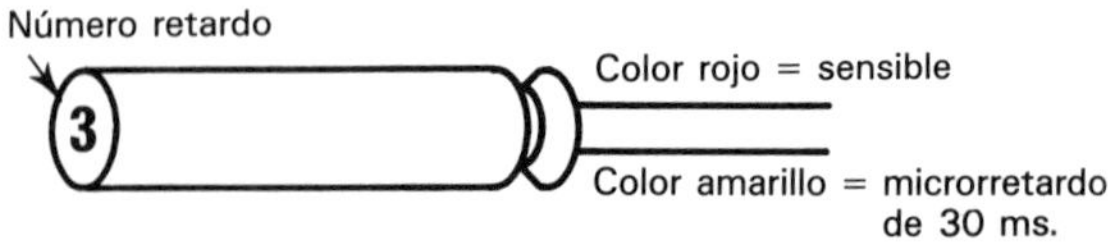

Fig. 2. Ejemplo de identificación de un detonador eléctrico.

En función de la sensibilidad eléctrica del inflamador (para evitar los riesgos de autodetonación por corrientes eléctricas extrañas), se clasifican en: DETONADORES S (SENSIBLES), DETONADORES I (INSENSIBLES) y DETONADORES AI (ALTAMENTE INSENSIBLES).

Instantáneos

La explosión del detonador coincide con la de iniciación del inflamador. Los cables son de color BLANCO y ROJO.

De retardo

En ellos el tiempo de detonación varía de un número al siguiente y al anterior en *medio segundo.*

Se fabrican desde el n.º 1 al 12 (los números van impresos en la base del detonador).

Los cables son de color ROJO y AZUL.

De microrretardo de 30 milisegundos

El tiempo de detonación varía de un número al consecutivo en 30 milisegundos.

Se fabrican desde el n.º 1 al 18.

Los cables son de color ROJO y AMARILLO.

De microrretardo de 20 milisegundos

El intervalo entre un detonador y el consecutivo es de 20 milisegundos.

La serie es desde el n.º 1 al 15.

Los cables son de color ROJO y ROJO.

Detonadores S (Sensibles)

Son de sensibilidad normal y los de más frecuente utilización. La cápsula puede ser de cobre o de aluminio. La de cobre se emplea en minas de carbón o lugares de atmósfera explosiva o inflamable.

El color distintivo de los detonadores S es el rojo. Uno de sus hilos es siempre ROJO. El otro color nos indica el tiempo de detonación.

Fig. 3. Identificación por el color del cable de los detonadores en función de su sensibilidad eléctrica.

Detonadores I (Insensibles)

Son más difíciles de iniciar al paso de una corriente eléctrica que los sensibles. Precisan de explosor especial.

El color distintivo es el rosa. Uno de los hilos es Rosa. El otro color indica el tiempo.

Detonadores AI (Altamente insensibles)

Son mucho más seguros e insensibles que los S y los I. Requieren para su encendido un explosor adecuado.

El color distintivo de los detonadores AI es el verde. Uno de los hilos es Verde, el otro color nos indica el tiempo.

Capítulo 3

RIESGOS CON LOS DETONADORES ELÉCTRICOS

Siempre es muy peligrosa la posibilidad de corrientes eléctricas extrañas o ajenas al circuito de tiro de la pega, que pueda provocar la autodetonación.

Como principio fundamental, los cables del detonador ANTES DE SU CONEXIÓN A LA PEGA DEBEN ESTAR CORTOCIRCUITADOS.

Fig. 4. Posición correcta de detonador eléctrico antes de su conexión.

Aparte de los riesgos comunes a los detonadores ordinarios (roces, golpes, calor, fuego, etc.), los principales que afectan a los eléctricos son los siguientes:

CONEXIÓN PREMATURA A LA LÍNEA DE ENERGÍA

Para evitarlo la llave de accionamiento del explosor estará siempre en poder del artillero y la línea de tiro en cortocircuito.

ELECTRICIDAD EXTRAÑA

Puede estar producida por:

Fenómenos eléctricos de las tormentas

Existe riesgo a distancia menor de quince kilómetros.

Corrientes errantes

En inmediaciones de líneas de A.T. y B.T., transformadores, polígonos industriales, tuberías y conducciones metálicas, motores, electricidad galvánica, vías de ferrocarril, vallas electrificadas, antenas de radio y TV, emisoras fijas y portátiles en vehículos, radiotransmisores portátiles, etc.

Electricidad estática

Acumulada en automóviles, ropa de fibras sintéticas, plásticos, etc.

Siempre que exista alguna posibilidad de riesgo por las causas enunciadas, no se utilizará la pega eléctrica, salvo empleando detonadores de ALTA INSENSIBILIDAD y con la autorización y presencia del Técnico de Minas responsable.

Hay que recordar, una vez más, que la mayoría de accidentes con explosivos está causada por los detonadores.

Como normas fundamentales, hay que observar siempre estos principios:

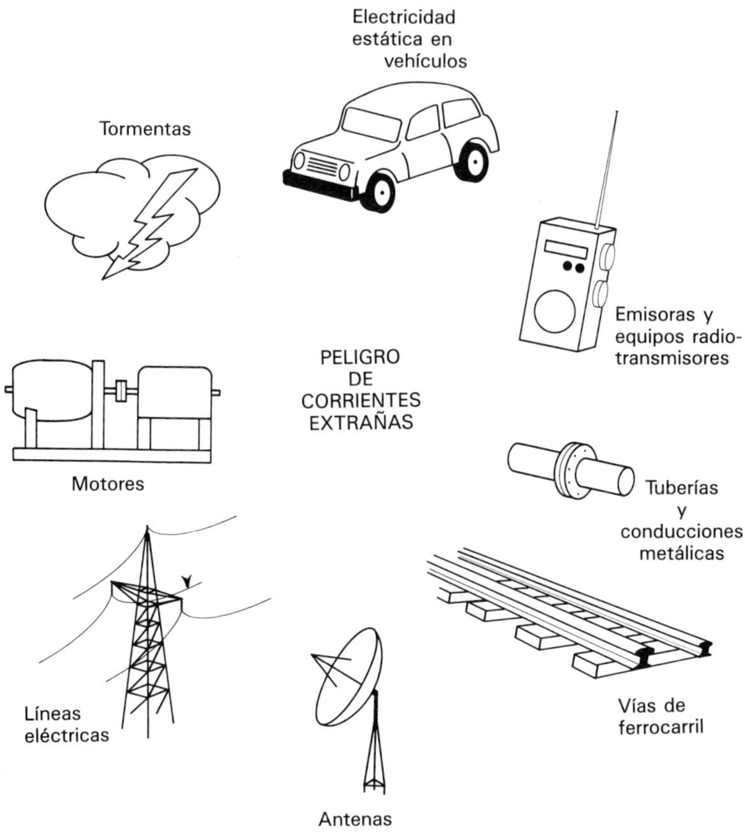

Fig. 5. Diversas fuentes de corrientes eléctricas peligrosas.

— Los detonadores eléctricos y las líneas de tiro se mantendrán siempre en cortocircuito, hasta el mismo momento de la pega.

— En caso de duda y ante la menor posibilidad de riesgo, abstenerse de dar la pega eléctrica.

— Extremar siempre las precauciones y en todo momento saber perfectamente lo que se hace.

— No permitir que en las operaciones de carga y conexión de la pega estén presentes personas ajenas a la misma.

Capítulo 4

MECHA LENTA U ORDINARIA

La mecha lenta está formada por un núcleo de pólvora rodeado de varias capas de hilado alquitranado que la hacen más resistente.

Hay otro tipo, recubierto de PVC, que la hace más resistente a la humedad.

Las mechas deben estar en perfecto estado de conservación, preservándolas del sol, de la humedad y del frío excesivo, ya que pueden sufrir alteraciones en su proceso de combustión.

Uno de los riesgos es el de *correrse la mecha,* cuando arde a una velocidad mayor de la prevista, por estar defectuosa.

Otro es el de *dormirse,* cuando por humedad o por otro defecto arde a una velocidad más lenta de la debida.

La mecha lenta arde a una velocidad aproximada de 120 segundos por metro lineal, tiempo no rigurosamente exacto, por lo que siempre hay que prevenir un margen de error.

Al utilizar la mecha, hay que prestar atención de que el extremo que se va a introducir en el detonador no ha perdido pólvora ni se encuentra humedecido.

El corte debe ser limpio y perpendicular al eje, para que el dardo de fuego actúe directamente sobre el detonador.

Las mechas se suministran en carretes de 100 m de longitud.

Cuando se disparan varios barrenos con mecha (el número máximo autorizado es el de seis), hay que utilizar siempre una mecha *testigo,* inferior en longitud a la de cualquier barreno, que se prende la primera y se tiene a la vista en la mano, para que nos indique en todo momento el tiempo de que disponemos antes de que explote el primer barreno.

La longitud mínima de la mecha en los barrenos será de un metro y medio, contada a partir de la boca hacia el exterior.

El uso de la mecha está en continuo y progresivo desuso, por la limitación en el número de barrenos a disparar por pega y las inexactitudes que inevitablemente tenemos en su control, tanto por fallos en la mecha como por descuidos en el artillero.

Salvo en circunstancias muy especiales, tales como proximidad inmediata a líneas eléctricas de alta tensión o casos en que por una causa u otra no podemos hacer uso de la pega eléctrica, debe procurar evitarse el uso de las pegas con mecha.

En donde, bajo ningún concepto, debe utilizarse el disparo con mecha, es en la profundización de pozos, por el riesgo que supone la retirada del artillero con las mechas ardiendo.

Capítulo 5

CORDÓN DETONANTE Y RELÉS DE RETARDO

CORDÓN DETONANTE

Aunque hay quien lo considera como un tipo de mecha y así lo denomina, el cordón detonante es un explosivo de gran potencia y velocidad de detonación.

El cordón detonante es un cordón flexible e impermeable que contiene en su interior pentrita (un explosivo de alta potencia).

La velocidad de detonación es del orden de 7000 m/s, por lo que se utiliza el cordón fundamentalmente para transmitir a los explosivos la detonación iniciada por un detonador.

El núcleo de pentrita va cubierto de varias envueltas de fibras textiles e hilados, con un recubrimiento exterior de PVC. Con ello se le protege contra la humedad y esfuerzos de tracción y abrasión.

El color de la cubierta de PVC (rojo, azul, blanco, etc.) nos indica las distintas cantidades de explosivo pentrita que contiene por metro lineal.

También hay cordón detonante especial para voladuras

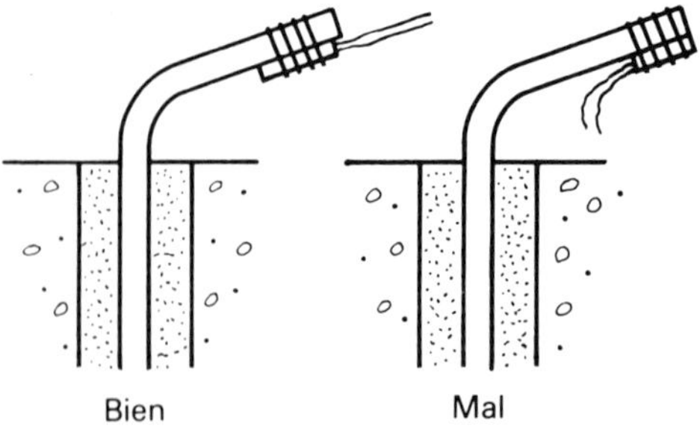

Fig. 6. Empalme de detonador a cordón detonante.

submarinas y para trabajo con explosivos en minas con grisú.

El tipo de cordón más usado en voladuras de exterior es el de 12 g/m (color azul) y también el de 6 g/m (amarillo).

El cordón detonante tiene que estar muy bien adosado al detonador, en toda su longitud, y la carga de éste, dirigida hacia la carga general del barreno.

Si empalmamos distintos tramos de cordón detonante entre sí, todos detonan al mismo tiempo.

Hay que recordar siempre, pues el no hacerlo así es causa de fallos, que los distintos tramos deben estar empalmados en la misma dirección y sentido.

Aparte de su utilización como iniciador para explosivos de menor sensibilidad, el cordón detonante por sí sólo tiene

Tabla 1. Distintos tipos de cordón detonante (Explosivos Río Tinto).

Nombre comercial	Color	Longitud del carrete (m)	Aplicaciones
3 g/m	Rosa	750	Para aplicaciones especiales. Sólo para explosivos con nitroglicerina.
6 »	Amarillo	500	Para conectar barrenos entre sí.
12 »	Azul	250	Para iniciar a la mayoría de explosivos.
20 »	Blanco	200	Para iniciar explosivos de baja sensibilidad y para prospecciones sísmicas.
40 »	Verde	125	Prospecciones sísmicas.
100 »	Rojo	50	Precortes y recortes.
Submarino normal	Amarillo	100	Trabajos submarinos.
Submarino reforzado	Granate	100	Trabajos submarinos. Va reforzado con alambres.
Antigrisú	Amarillo	100	Minas de carbón.

Aunque algunos colores se repitan, es difícil su confusión por la disparidad de los trabajos (ejemplo, minas de carbón y trabajos submarinos). Asimismo varían en el grosor, y todos los carretes llevan una etiqueta en la que se indican sus características.

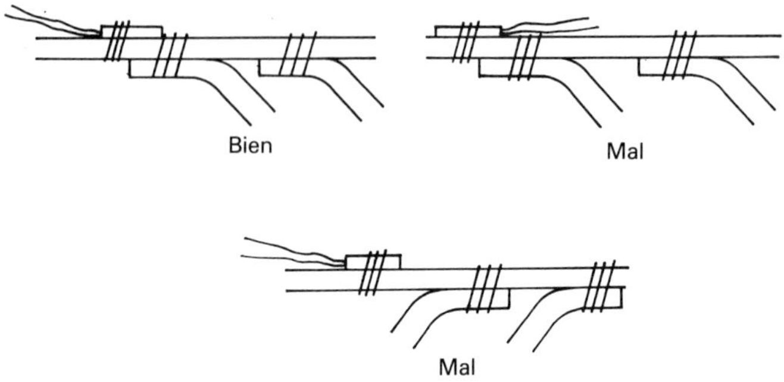

Fig. 7. Empalmes de cordón detonante.

múltiples aplicaciones y es rara la voladura en que de una forma u otra deje de utilizarse: como carga en barrenos de precorte, para conexión de distintos barrenos, para corte de postes y vigas, como pequeñas cargas en demolición de edificios, etc.

Otra gran ventaja es la de su relativa gran seguridad, tanto en el transporte y almacenamiento como en su manejo.

RELÉS DE RETARDO

Son artificios que intercalados entre el cordón detonante interrumpen la detonación del mismo durante 15 o 20 milisegundos, creando en las voladuras conexionadas con el cordón detonante un efecto de retardo similar al conseguido con el uso de los detonadores eléctricos de microrretardo.

Se usa cuando por la proximidad de líneas eléctricas de alta tensión, corrientes errantes, tormentas, etc., es peligroso el uso de detonadores eléctricos; mediante el empleo de relés en el cordón detonante y un detonador ordinario

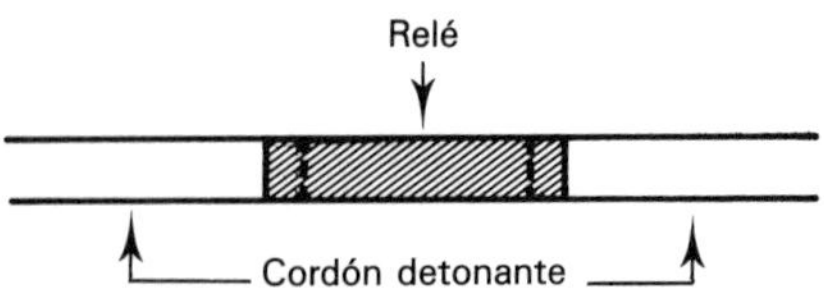

Fig. 8. Colocación del relé de retardo en el cordón.

con mecha lenta, podemos conseguir la secuencia de tiro deseada.

También son útiles cuando tenemos que disparar un número muy elevado de barrenos y no disponemos de explosor adecuado.

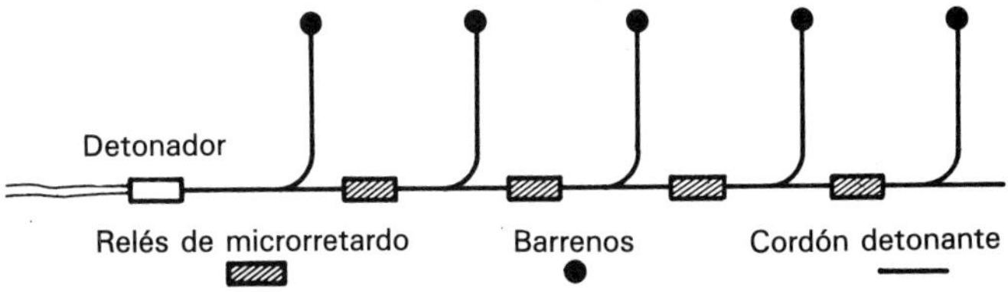

Fig. 9. Esquema de voladura retardada con relés.

Asimismo, en barrenos de taqueo, que se suelen empalmar todos con cordón detonante, es aconsejable intercalar algunos relés, para limitar la onda aérea y conseguir una mayor fragmentación.

El empalme de los relés al cordón detonante es muy semejante al de los detonadores ordinarios a la mecha lenta. El relé tiene que estar muy limpio y los cortes del cordón perpendiculares y procurando que los extremos no se vacíen de explosivo (pentrita).

También hay que apretar el relé al cordón con unas tenazas similares a las que se usan con la mecha y detonador ordinario.

Hay que efectuar las conexiones con el máximo cuidado y atención, pues si son defectuosas existe el riesgo de fallos en la voladura.

Capítulo 6

DESTRUCCIÓN DE EXPLOSIVOS

DESTRUCCIÓN DE EXPLOSIVOS

Hay ocasiones en que hay proceder a la destrucción de explosivo, ya por estar defectuoso o deteriorado, o bien en casos de pequeñas cantidades que han sobrado en las voladuras y en que sería costoso y complicado su devolución al polvorín de procedencia.

Cuando se trate de grandes cantidades, por ser una operación compleja, delicada y de un cierto riesgo, en todo caso hay que recurrir al asesoramiento de un técnico especialista en explosivos, que dirija los trabajos y establezca las medidas de seguridad a adoptar en cada caso.

No obstante, y para pequeñas cantidades, es una operación en la que tomando las debidas medidas y precauciones puede ejecutarse por un artillero adiestrado y con conocimientos suficientes.

Como punto fundamental, hay que mantener el máximo cuidado en la destrucción de explosivos. Se trata de una operación no habitual en la que deben extremarse las precauciones. Por otra parte, en el caso de explosivos deteriorados, la actuación de éstos puede ser distinta a la de su comportamiento en condiciones normales y por lo tanto presentar riesgos imprevistos.

Es una operación que debe efectuarse por artilleros muy diestros y experimentados y con alto sentido de la responsabilidad.

Fundamentalmente, habrá de escogerse para la destrucción un lugar aislado y apartado de viviendas, zonas edificadas y vías de comunicación.

Después de efectuar la destrucción, por alguno de los métodos que describiremos a continuación, es muy importante comprobar con toda meticulosidad que no ha quedado explosivo sin destruir y, de una forma primordial, en lo referente a detonadores. Antes de abandonar el lugar el artillero deberá tener la certeza de que no queda ningún resto, que posteriormente cayera en manos de curiosos, excursionistas, cazadores, etc., quienes, por su desconocimiento del tema, manipularan inexpertamente en el explosivo dando lugar a accidentes de serias consecuencias.

Deben destruirse también las envolturas, carretes, etiquetas ya que entre ellas podrían haber quedado, inadvertidamente, algún residuo que en todo caso hay que hacer desaparecer.

Para la destrucción de los explosivos y accesorios, pueden utilizarse diversos métodos, que podemos clasificar en: POR EXPLOSIÓN, POR COMBUSTIÓN y POR DISOLUCIÓN EN AGUA.

Por explosión

Es el sistema más simple, aunque hay que tener cuidado con las proyecciones y con la onda aérea, pues al no estar el explosivo confinado en un barreno, el nivel de ruido es muy elevado, con peligro de rotura de cristales, alarmas, etc.

Hay que fraccionar el explosivo y nunca destruirlo en cantidad superior a los diez (10) kilogramos. La forma de efectuar la operación es como si de una pega se tratara.

Se debe escoger un lugar apartado y apropiado, lejos de viviendas y zonas de tránsito o habitadas.

Como se ha indicado, las precauciones son las mismas que al realizar una pega y, a causa de la onda aérea, las distancias hasta lugares habitados y vías de comunicación son las que se indican en la tabla 2.

Tabla 2. Distancias del lugar de la explosión hasta núcleos habitados.

Cantidad de explosivo a destruir	Distancia mínima aconsejable
Hasta 1 kg	150 m
De 1 a 2 kg	200 m
2 a 5	250 m
5 a 10	325 m
10 a 25	450 m
25 a 50	550 m
50 a 100	700 m

Se puede reducir considerablemente el nivel de ruido cubriendo el explosivo con una capa de arena. En este caso hay que tener la precaución de que la arena esté perfectamente limpia de piedras que saldrían proyectadas.

Por combustión

Es el método más empleado, aunque siempre existe el riesgo de que la combustión se transforme en deflagración o detonación, por lo que siempre hay que guardar las convenientes distancias de seguridad.

Para proceder a la destrucción se prepara una cama de leña fina o paja espesa, de dimensiones apropiadas a la cantidad de explosivo a destruir.

Los cartuchos deben estar sin formar montón, bien extendidos y separados entre sí y nunca dentro de los embalajes.

El sentido de propagación del fuego debe ser contrario a la dirección del viento, a fin de evitar que la llama produzca un excesivo calentamiento del explosivo.

Terminada la operación, hay que dejar pasar un tiempo prudencial, y luego comprobar que no queda ningún resto de explosivo sin quemar.

Por disolución en agua

No se puede efectuar con explosivos que contengan nitroglicerina. Aparte está el riesgo de la contaminación del agua.

No es muy aconsejable, salvo para explosivos pulverulentos sin nitroglicerina (tipo Nagolita).

DESTRUCCIÓN DE CORDÓN DETONANTE

Se destruye en algún barreno cargado y antes de efectuar el atacado.

También se destruye por combustión, pero con la precaución de estar el cordón extendido, nunca enrollado en los carretes.

Otro sistema es el de hacerlo detonar, recubriéndolo de arena o tierra muy limpias, y guardando siempre las distancias de seguridad.

DESTRUCCIÓN DE DETONADORES

El mejor sistema es el de introducirlos en un barreno entre los cartuchos de explosivo. Si no, se pueden hacer detonar, agrupados y atados con cinta aislante (en número no superior a 25 unidades) y con los cables en la misma dirección. Es preferible que estén cubiertos de arena o tierra fina, o confinados en un barreno, para evitar su proyección (esquirlas) y disminuir la onda aérea.

Capítulo 7

BARRENOS Y PEGAS

BARRENOS

Denominamos barreno a todo taladro cargado de explosivo y cebo, que explosiona y provoca la voladura, arranque y fragmentación de la roca o mineral.

En todo barreno, distinguimos las siguientes partes: CARGA DE EXPLOSIVO (FONDO Y COLUMNA), CARTUCHO CEBO y RETACADO.

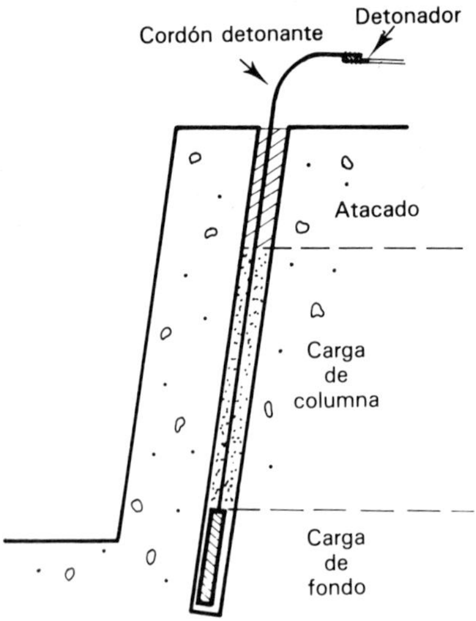

Fig. 10. Esquema de un barreno en cantera.

Carga de explosivo

Es la que introducimos en el barreno, según los cálculos previamente efectuados. Esta carga, según el tipo de explosivo y de pega, varía en su cantidad y colocación.

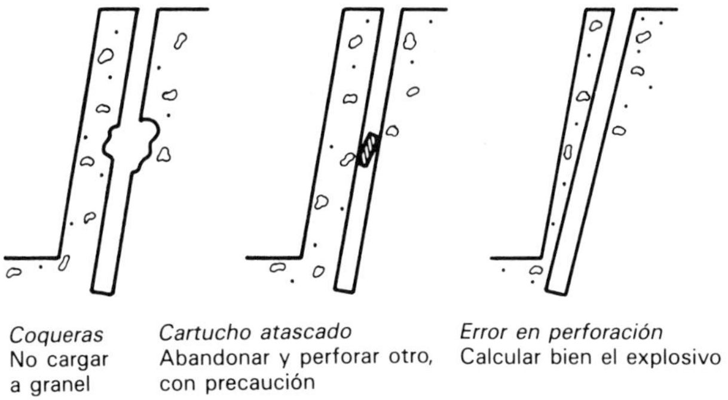

Fig. 11. Anomalías en la carga de barrenos en canteras.

Normalmente se concentra en el fondo (carga de fondo) disminuyendo en potencia y cantidad hacia la superficie (carga de columna).

Si en el barreno hay agua deberá emplearse un explosivo adecuado, nunca pulverulento.

La carga, cuando se trate de explosivos encartuchados debe estar constituida por una fila de cartuchos en perfecto contacto.

En el caso de carga discontinua, se utilizará cordón detonante en toda la longitud del barreno.

Está prohibido introducir y aplastar los cartuchos con violencia para colocar el detonador (cartucho cebo).

Si en el barreno hubiera *coqueras* no se debe cargar a granel, para evitar una peligrosa concentración del explosivo.

En barrenos verticales, de gran diámetro, no es aconse-

Fig. 12. Gancho para descender cartuchos.

jable dejar caer los cartuchos, sino descenderlos con suavidad mediante un hilo tipo bramante, que se pierde en cada cartucho, o colocarles una anilla y descenderlos con un gancho recuperable.

En caso de atascarse un cartucho en la caña del barreno, no hay que forzarlo ni empujarlo violentamente. Si utilizando el atacador de madera suavemente no se consigue desatascar, hay que abandonar el barreno, preparando otro paralelo, a la distancia de seguridad, como si se tratara de un barreno fallido.

Cartucho cebo

Es aquél en el que colocamos el detonador, para que provoque la explosión y haga detonar por *simpatía* el resto de explosivo confinado en el barreno.

El cartucho cebo va siempre colocado con el detonador en dirección al resto de la carga explosiva.

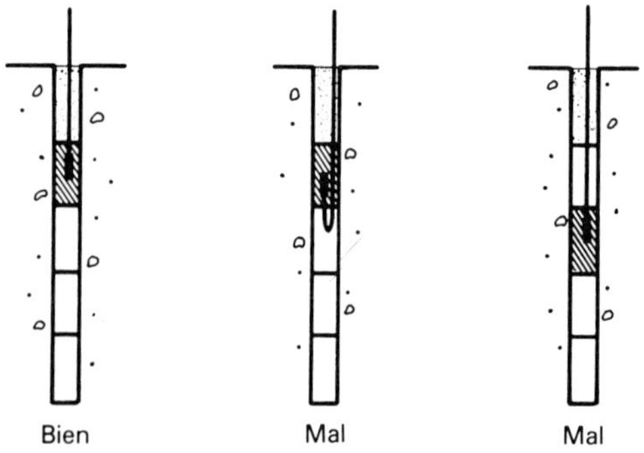

Fig. 13. Cartucho cebo en pega con mecha (exterior).

En la pega con mecha, irá siempre en la parte superior.

En la pega eléctrica, en la parte superior o en la inferior, pero nunca en el medio de la carga. En las minas de interior con atmósfera explosiva, se situará en el fondo.

Sólo se puede utilizar un cartucho cebo por barreno.

El detonador se introduce en el cartucho con mucha precaución y si fuera preciso hacer hueco en la masa del explosivo, con una herramienta especial (el mango de las tenacillas de artillero).

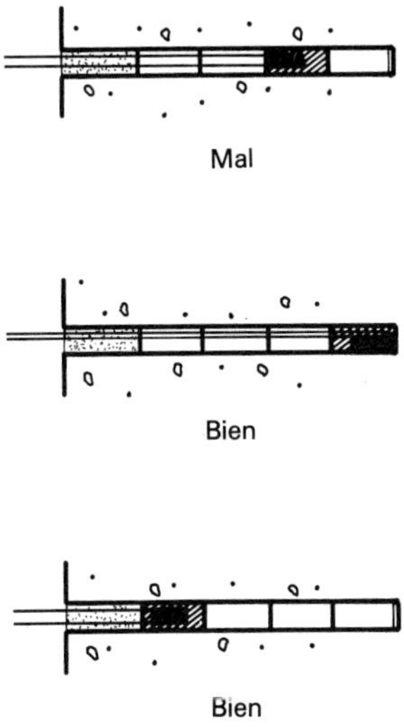

Fig. 14. Cartucho cebo en pega eléctrica.

El cartucho cebo se prepara inmediatamente a las operaciones de carga. ¡No antes!

Si se emplea cordón detonante a lo largo del barreno, el cordón sustituye al cartucho cebo. Entonces el detonador se adosará firmemente (con cinta aislante) al extremo del cordón detonante, en el exterior del barreno, con el fondo del detonador dirigido en el sentido de la carga de explosivo.

Para barrenos de un diámetro superior a 50 mm se usará siempre cordón detonante.

Introducción del explosivo en los barrenos (carga)

Nunca se deben realizar al mismo tiempo en un mismo tajo las operaciones de perforación y carga de barrenos.

Tampoco se pueden recargar fondos de barrenos de otras pegas, ni reprofundizar en barrenos fallidos.

Antes de la carga, el barreno debe estar perfectamente limpio. Para ello es aconsejable soplar con la manguera de aire comprimido antes de iniciar la carga.

Lógicamente, el diámetro de los cartuchos de explosivo debe ser ligeramente inferior al de los barrenos, para facilitar su introducción y evitar atascos.

Hay que recordar en todo momento que el explosivo tiene que estar separado de los detonadores y todo el material en perfecto orden.

Cuando se inician las operaciones de carga, los equipos de perforación deben estar retirados, así como las máquinas cargadoras y de transporte. Todos los motores estarán desconectados, así como las líneas de conducción eléctrica.

El artillero no permitirá que estén presentes personas ajenas a la pega y mantendrá cerrados los accesos.

Si sobrara explosivo, se devolverá al polvorín o se destruirá. No se puede dejar almacenado en las inmediaciones del frente para posteriores voladuras.

Una vez cargada la pega, se disparará lo más rápidamente posible.

Retacado

El retacado, o atacado, es la parte superior del barreno sin explosivo, que se rellena de una materia inerte, bien apretada o atacada (de ahí su nombre) que asegura el confinamiento del explosivo para su mejor aprovechamiento y evitar el *bocazo,* que se produce cuando está mal atacado y el explosivo, al detonar, sale por la boca del barreno, en un efecto similar al de un cartucho de escopeta.

La longitud debe ser igual a la de la línea de menor resistencia del barreno (distancia al frente libre) y nunca inferior a 20 cm. En minas de carbón con grisú es diferente, como se verá más adelante.

En barrenos de taqueo (los que se disparan para fragmentar bloques grandes desprendidos ya en otras voladuras), la longitud de atacado puede reducirse a la mitad.

El atacado se hará con materiales suficientemente plásticos (lo mejor, arcilla húmeda), sin piedras, que no propaguen la llama y que sean antiestáticos.

Actualmente, los fabricantes de explosivo suministran cartuchos de arcilla húmeda, de distintos diámetros, que facilitan un perfecto, rápido y cómodo retacado.

Capítulo 8

PEGAS Y VOLADURAS

Se denomina pega o voladura al conjunto de operaciones de perforación de barrenos, carga con explosivo y atacado, y posterior disparo, al objeto de conseguir el arranque de roca o mineral previsto o bien la demolición mediante la acción del explosivo de edificios o estructuras que deseamos derribar rápida y eficazmente. También utilizamos dicha expresión para prospecciones sísmicas, trabajos submarinos, estudios de vibraciones del terreno y, en general, en todo tipo de trabajos en los que se utiliza explosivo.

Normalmente se emplea la palabra pega, sobretodo en trabajos de interior, en minas, túneles y excavaciones subterráneas en general.

Cuando se habla de voladuras, normalmente se hace respecto a trabajos de explosivos en el exterior, principalmente en todo lo referente a su aplicación en ingeniería civil, canteras y desmontes, así como a los trabajos de demoliciones controladas.

La vigente legislación sobre la materia, distingue también las denominadas voladuras *especiales,* que precisan una especial autorización de la autoridad minera, y que son las efectuadas en los siguientes casos:

- Cuando la cantidad de explosivo a disparar sea igual o superior a 500 kilogramos.
- Las que hayan de realizarse bajo columna de agua, tanto en ríos, lagos como en el mar.
- La demolición de edificios, estructuras en general o cimentaciones, en función de su proximidad a núcleos habitados, condicionantes del entorno o especial dificultad técnica.
- Las que, cualquiera que sea su tipo y la cantidad de explosivo a utilizar, por su proximidad puedan afectar a

núcleos habitados, sistemas de transporte, almacenamientos de materias peligrosas, etc.
- Las voladuras próximas a centros de producción o transformación de energía eléctrica y redes de distribución, tanto de alta como de baja tensión.
- Las realizadas en las proximidades de emisoras de radio, TV, radar o repetidores de radiofrecuencia.

Estas voladuras, como hemos indicado, requieren una autorización especial de la autoridad minera, previo el cumplimiento de una serie de requisitos que se especifican en la vigente reglamentación sobre la materia.

El momento de provocar la detonación del explosivo se denomina disparo de la pega o voladura y, según el sistema empleado, se clasifica en pega con detonadores y mecha (ordinaria), o bien, pega eléctrica.

Capítulo 9

DISPARO DE LA PEGA

Como hemos indicado, entre la carga de barrenos y el disparo de la pega, debe transcurrir el menor tiempo posible.

Los barrenos cargados quedarán vigilados cuando sea posible el acceso a los mismos.

Antes de conectar la línea de tiro al explosor en la pega eléctrica o de encender las mechas, el artillero comprobará que la zona está despejada, todos los accesos controlados y el personal y máquinas bajo resguardo. La vigilancia no debe interrumpirse hasta que el artillero lo autorice.

Antes de disparar se darán los avisos y señales acústicas necesarios. En trabajos de exterior, se suelen dar tres toques de aviso mediante sirena o corneta. Al terminar el último toque se dará fuego inmediatamente.

No se permitirá la reanudación de trabajos antes de que el responsable de la pega, después de efectuada ésta, reconozca el frente, prestando especial atención a la existencia de barrenos fallidos, restos de explosivos sin detonar o bloques de piedra o mineral con peligro de desprendimiento súbito.

Una vez comprobado que todo está conforme y sin peligro, autorizará el retorno al frente.

El disparo de la pega puede efectuarse mediante detonadores con mecha o eléctricos, como veremos a continuación.

Capítulo 10

PEGA CON DETONADORES CON MECHA (ORDINARIA)

El número máximo autorizado de barrenos por pega que se pueden disparar con mecha es el de SEIS.

En cada barreno sólo se colocará un cartucho cebo, provisto de un solo detonador. Este cartucho cebo estará colocado en el extremo exterior y el fondo de la cápsula del detonador, orientado hacia la carga del barreno.

La longitud mínima de mecha en cada barreno, será de metro y medio y la mecha testigo, la mitad.

La mecha testigo será la primera que se encienda, debiendo suspender la operación de dar fuego y abandonar el frente, cuando se haya consumido totalmente.

Es importante disponer de un sistema de encendido seguro y que no se apague fácilmente. Los encendedores de mecha tipo antiguo *(chisqueros)* suelen dar buen resultado.

El artillero deberá contar los barrenos explosionados. En caso de que haya fallos, o tenga dudas de que hayan salido todos los barrenos, no se podrá retornar al frente hasta que haya transcurrido MEDIA HORA por lo menos.

La pega con mecha tiene muchos inconvenientes (limitación del número de barrenos, dificultades en la secuencia de tiro, mala fragmentación, peligro de mechas corridas, barrenos *dormidos,* etc.), por lo que, salvo en casos excepcionales (proximidad a líneas eléctricas, transformadores, falta de explosor, etc.), debe procurarse la utilización de la pega eléctrica que efectuada correctamente es mucho más práctica, eficaz y segura.

Capítulo 11

PEGA ELÉCTRICA

Es aquélla en la que se efectúa el disparo con detonadores que explosionan mediante el impulso de la corriente eléctrica. Como ya se ha indicado anteriormente, mediante el uso de los detonadores eléctricos, la pega puede ser instantánea o con retardos entre los distintos barrenos, utilizando los detonadores adecuados.

Por su seguridad, efectuada correctamente, y eficacia en los resultados, es la normalmente utilizada.

Únicamente se podrá disparar la pega eléctrica mediante explosores adecuados, homologados y autorizados.

NUNCA SE UTILIZARÁN BATERÍAS NI CONEXIONES A LA RED DE FUERZA O ALUMBRADO, salvo autorización expresa de la autoridad de Minas.

CONEXIONES

La conexión de los detonadores será siempre en serie, necesitándose una autorización especial para otro tipo de conexiones.

En toda pega eléctrica se distinguen las siguientes partes de circuito:

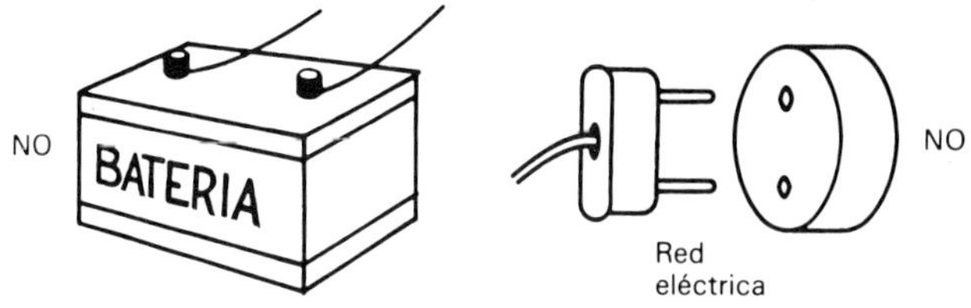

Fig. 15. Dónde NO se puede disparar la pega eléctrica.

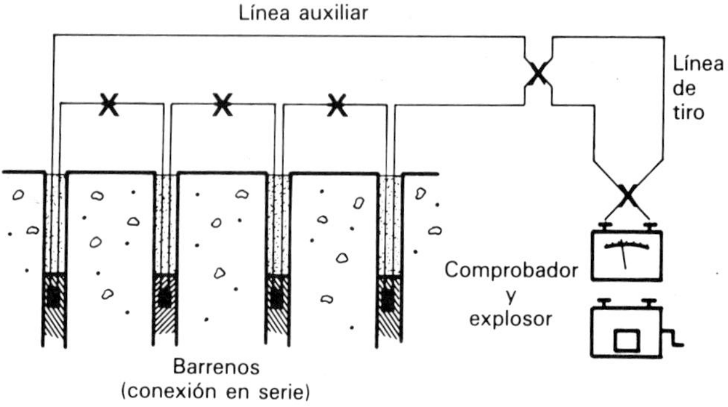

Fig. 16. Esquema de conexión en pega eléctrica.
Los puntos x (en cortocircuito) se irán conectando en retirada.

a) Conexión de detonadores (como se ha indicado, en serie).
b) Línea de tiro (la que va de los detonadores a la línea fija).
c) Línea fija. Conecta la línea de tiro con el explosor.
d) Explosor.

Las distintas partes del circuito deberán estar cortadas (en cortocicuito), empalmándose en retirada desde la línea de barrenos hasta al explosor.

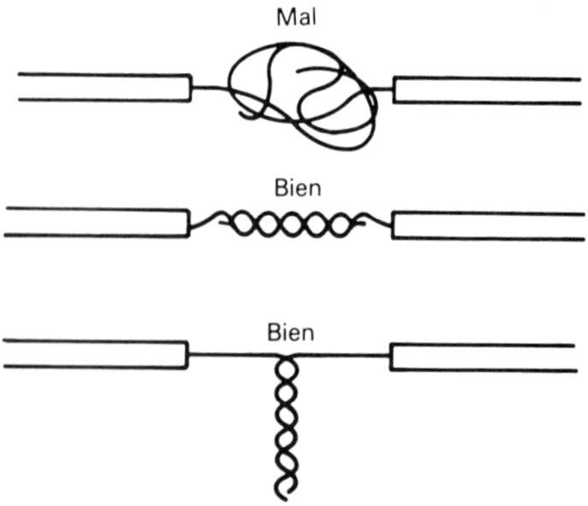

Fig. 17. Conexión de cables.

COMPROBACIONES

Antes de conectar la línea de tiro al explosor, deberá comprobarse con el óhmetro si la resistencia del circuito es la debida y de que el explosor tiene la capacidad suficiente.

En caso de detectar cualquier anomalía, deberá revisarse el circuito, desconectando previamente el explosor, retirando y guardando la manecilla, y cortocircuitando los cables de la línea.

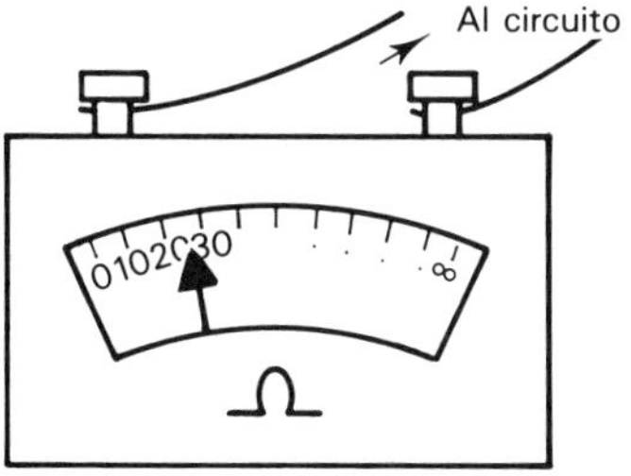

Fig. 18. Comprobación de circuito.

Ejemplo:

15 detonadores.
300 m de cable.

Debería marcar aproximadamente 32 Ω (ohmios).
Si marca más, hay falso contacto o mal calculado.
Si marca menos, hay cruce o detonadores sin conectar.
Si marca ∞, está cortado el circuito.

CÁLCULO DEL CIRCUITO

Debemos sumar la resistencia de los detonadores, más la de las líneas de tiro.

La resistencia de cada detonador nos viene indicada en las etiquetas que envuelven los mazos. Oscila entre 1,5 y 2 ohmios. Los ohmios muchas veces vienen representados por el símbolo Ω.

La resistencia de la línea depende del diámetro de los cables y la podemos medir con el óhmetro.

100 m de cable sencillo, de cobre, de un diámetro de 0,45 mm, tiene una resistencia aproximada de 11 ohmios.

En las tablas del final, se indica la resistencia de distintos tipos de cable, según su diámetro.

Ejemplo de cálculo de circuito

15	detonadores, con resistencia unitaria de 1,5	1,5 × 15 =	22,5 ohmios
50	m de cable unifilar de cobre de 0,60 mm	2 × 50 × 0,003 =	3,0 »
100	m de cable unifilar de cobre de 0,80 mm	2 × 100 × 0,006 =	6,0 »
		Resistencia total	31,5 ohmios

En los cables, hemos multiplicado por 2 al tener que utilizar dos hilos. Asimismo hemos multiplicado por la resistencia de cada metro lineal, según las tablas.

La resistencia aproximada que nos marque el comprobador debe ser de 32 ohmios.

Si marcara más es que el número de detonadores es superior al calculado, o que hay algún falso contacto o defecto en algún empalme o detonador.

Si indicara menos, es que no están conectados todos los detonadores, o que hay algún cruce en la línea.

Si señalara infinito (∞), es que el circuito está abierto o que hay alguna rotura de hilo en detonador.

FUENTES DE ENERGÍA

Como hemos indicado sólo se deben utilizar los EXPLOSORES.

Pueden ser dinamo-eléctricos o de condensadores y aunque los dos tipos son de excelentes resultados, modernamente se utilizan más los de condensadores.

Al adquirir un explosor, hay que tener en cuenta el destino que se le va a dar, pues hay variaciones de importancia según se utilicen detonadores sensibles, insensibles o de alta insensibilidad. Para minas de carbón, son de tipo especial antigrisú. ¡HAY QUE EMPLEAR SIEMPRE EL EXPLOSOR ADECUADO!

Los explosores deben estar homologados y autorizados por la autoridad minera y las reparaciones tan sólo se pueden hacer en la casa fabricante o en talleres autorizados.

Todos los explosores llevan una placa metálica con las características, número de detonadores que pueden disparar y resistencia en ohmios para la que son válidos. En muchos modelos, la placa no viene en español, por lo que hay que pedir al proveedor la traducción, ya que es conveniente tener dichas instrucciones a la vista para evitar cualquier duda o error.

La manecilla de accionamiento debe estar siempre fuera del explosor y en poder del artillero, hasta el momento del disparo.

El artillero debe conocer perfectamente las características del explosor con que trabaja y sus limitaciones.

Hay que tener en cuenta que para disparar detonadores INSENSIBLES y de ALTA INSENSIBILIDAD hace falta un explosor adecuado. Es muy peligroso utilizar explosores de tipo corriente, ya que se pueden producir fallos en el encendido de los detonadores.

Tampoco se pueden utilizar explosores de ALTA INSENSIBILIDAD para detonadores sensibles, ya que producen deterioros en los detonadores que pueden provocar fallos en la pega.

ELEMENTOS AUXILIARES

El artillero puede y debe disponer de los siguientes elementos auxiliares para la pega eléctrica.

Comprobador de circuito

Para verificar rápidamente si el circuito está cerrado o abierto.

Óhmetro

Permite calcular la resistencia del circuito y detectar las anomalías. También hace las funciones de comprobador de circuito.

Aisladores de empalmes

Evitan el contacto de las conexiones de los cables con el suelo, estructuras, etc., consiguiéndose un perfecto aislamiento.

Normalmente se suplen con cinta aislante de buena calidad, tipo plástico impermeable.

Comprobador de explosor

Las casas fabricantes suministran comprobadores para cada tipo de explosor. Antes de conectarlo a la línea de tiro, se debe verificar con el comprobador que el explosor está en perfectas condiciones de uso.

INSTRUCCIONES Y PRECAUCIONES EN LA PEGA ELÉCTRICA

1. Almacenar siempre los detonadores en sitio seco.
2. Emplear los detonadores por orden de antigüedad, respecto a su fecha de fabricación. Si no puede haber fallos.
3. Nunca transportar o almacenar detonadores con explosivos.
4. En el transporte con vehículos asegurar una puesta a tierra eficaz, para eliminar los riesgos de la electricidad estática.
5. No deshacer las madejas de los detonadores hasta el momento de su conexión.
6. Tener siempre los cables en cortocircuito.
7. No fumar ni acercarse a fuego durante el transporte y manipulación de los detonadores.

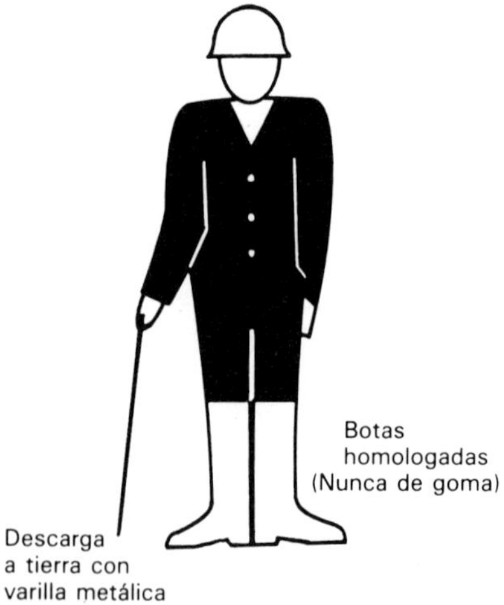

Fig. 19. Eliminación de electricidad estática.

8. No manipular los detonadores sin calzado adecuado. Nunca utilizar guantes o botas de goma.
9. Descargarse a tierra antes de tocar los detonadores y se evitarán los riesgos de la electricidad estática.
10. Al desenrollar las madejas, no lanzar los hilos al aire.
11. Al cargar el barreno, tener cuidado en no romper los hilos del detonador.
12. Evitar el contacto de los hilos desnudos con el suelo, tuberías, mangueras, etc.
13. Tener siempre los detonadores y líneas de tiro en cortocircuito, que se irán deshaciendo en retirada hacia el explosor.
14. Antes de disparar, comprobar la resistencia del circuito que debe ser la correcta. Si hay fallos, rectificarlos.
15. En caso de fallo al dar fuego, no repetir el disparo, sino comprobar el circuito con la debidas precauciones, dividiendo la pega en dos partes, la mitad donde se detecte la anomalía en otras dos y así sucesivamente hasta encontrar el defecto. No realizar las comprobaciones en el frente, sino siempre alejado, en el extremo final de la línea de tiro.
16. En caso de tormenta interrumpir las operaciones. Cortocircuitar los extremos de hilos que existan y abandonar el frente hasta la terminación de la tormenta.
17. No utilizar nunca en la misma pega detonadores de distintas sensibilidades y características eléctricas.

Capítulo 12

BARRENOS FALLIDOS

Hay ocasiones en que después de disparada la pega o voladura se comprueba la existencia de uno o varios barrenos en los que la detonación del explosivo no se ha producido en parte o totalmente.

Aparte del riesgo que para el personal representa la existencia de un explosivo sin detonar, mezclado con el escombro de la voladura y en lugares no previstos, el fallo de la voladura representa en todos los casos un serio inconveniente que ocasiona lentas y costosas operaciones, al quedar los frentes de trabajo peligrosos, deteriorados y fragmentados, dificultando enormemente las operaciones de saneo, carga de material y posterior perforación y disparo de las siguientes voladuras.

Las causas que pueden ocasionar el fallo de un barreno son muy variadas, y motivadas por distintos factores que debemos prever y tener en todo momento en consideración. A continuación, indicaremos las más frecuentes

FALLOS POR EL EXPLOSIVO

- Por estar estropeado por la humedad, antigüedad u otras causas.
- En barrenos con agua o húmedos, al utilizar un explosivo inadecuado.
- Con explosivos poco sensibles, que no hayan sido iniciados debidamente.

FALLOS EN LA CARGA

- Interrupción en la columna de carga por introducción de tierra o piedras.

— Atranque de algún cartucho en medio del barreno, teniendo el cebo en la parte superior.

FALLOS EN EL ATACADO

— Atacado insuficiente, provocando que la onda expansiva tenga su salida por la boca del barreno *(bocazo).*

FALLOS UTILIZANDO MECHA LENTA

— Mecha humedecida o engrasada.
— Pérdida de pólvora en el ánima por haberse cortado y preparado con demasiada antelación a la pega.
— Cortarla oblicuamente y no perpendicular, produciendo un mal contacto con el detonador.
— No introducirla hasta el fondo del detonador.
— Por formación de nudos, cocas o dobleces muy agudas.
— Rotura de la mecha producida al atacar con material que contenga piedras agudas y cortantes.
— No darle fuego por olvido.

FALLOS EN DETONADORES ORDINARIOS

— Potencia insuficiente para el explosivo utilizado.
— Estar deteriorado, principalmente por la humedad.
— Existencia de serrín o alguna materia extraña entre el detonador y el extremo de la mecha.

FALLOS EN DETONADORES ELÉCTRICOS

— Por estar deteriorados (antigüedad, defectuoso almacenamiento, etc.).
— Utilizar detonadores de distinta sensibilidad.
— Por utilizar un explosor inadecuado o falto de capacidad.
— Por utilizar corriente alterna o baterías como fuente de energía, lo que está prohibido.
— Línea de tiro cortada.
— Conexiones defectuosas y mal aisladas.
— Corte de los cables del detonador al introducirlo en el barreno o al atacar.
— Por dejar algún detonador sin conexionar.

- No comprobar antes del disparo la resistencia del circuito, que debe estar conforme a lo previsto.
- Errores en la conexión, dejando cortocircuitos.

FALLOS EN CORDÓN DETONANTE

- No utilizar el de la potencia adecuada.
- Cordón defectuoso por rotura o aplastamiento.
- Por colocar el detonador en dirección contraria a la de la dirección prevista para la detonación.
- Rotura del cordón al bajarlo por el barreno unido a un cartucho, o por corte con el atacador.
- Empalme del detonador defectuoso o flojo.
- Corte del cordón por la acción de otro barreno que haya salido con anterioridad.

Capítulo 13

SANEO DE FRENTES

Una de las causas más frecuentes de accidentes es la ocasionada por el desprendimiento súbito e imprevisto de piedras *(lisos* y *costeros)* que han quedado colgados, sin caer, como consecuencia de la pega.

Al objeto de prevenir accidentes, el artillero, después de la pega y antes que el resto del personal y equipos mecánicos, debe inspeccionar el frente y avisar al vigilante o encargado de cualquier anomalía observada.

Deberá prestar especial atención a la posible existencia de barrenos fallidos, y en caso de la existencia de alguno, se señalará mediante una varilla de madera vertical, notificando su existencia, para proceder acto seguido a la perforación y disparo de otro barreno paralelo a una distancia de 30 cm.

Si hubiera algún detonador o resto de explosivo sin detonar, se advertirá a los palistas de su existencia y del lugar donde se halla, a fin de separarlo del escombro con cuidado. Una vez recuperado se destruirá en la forma acostumbrada.

Antes de la reanudación de los trabajos se saneará el frente de los bloques y lisos colgados que ofrezcan riesgo de desprendimiento.

Capítulo 14
TAQUEO

Aunque actualmente el troceo de los bloques gruesos producidos en una pega se efectúa generalmente con medios mecánicos (martillos *pica-pica),* en ocasiones hay que utilizar explosivo, en la operación denominada *taqueo.*

Existen tres formas de fragmentación con explosivos.

Utilizando cargas conformadas

Apenas se usa.

Perforación con barreno

En este caso se comprobará que no existe dentro del bloque resto de explosivo o cordón detonante como consecuencia de la pega y se perforará y disparará un barreno con las medidas de seguridad acostumbradas.

Hay que tener cuidado en no excederse en la carga de explosivo, porque la onda aérea (estampido) y proyección de piedras suelen ser considerables.

Parches

Es el método más rápido y eficaz, aunque tiene el inconveniente de un mayor consumo de explosivo.

La forma de efectuarlo es colocando un cartucho cebo, con explosivo tipo goma, adecuado al volumen del bloque adosado a su cara superior y perfectamente cubierto de arcilla pastosa (barro).

Si son varios los tacos y para su disparo se utiliza la pega eléctrica, se tomarán las mismas precauciones que en una pega ordinaria.

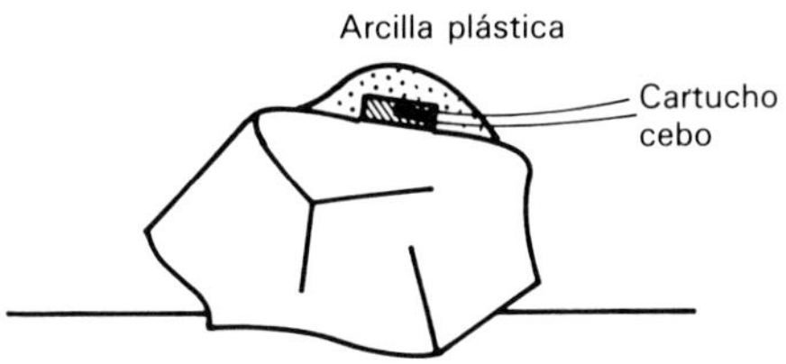

Fig. 20. Fragmentación por parche.

Si se efectúa el disparo con mecha, hay que recordar que el número máximo de tacos será de seis.

También se pueden empalmar todos unidos con cordón detonante y un solo detonador, para hacerlos explotar todos a la vez. Tiene el inconveniente que la onda aérea es muy considerable.

Capítulo 15

VIBRACIONES DEL TERRENO

Hay ocasiones en que por la proximidad a núcleos habitados, estructuras, etc., existe el riesgo de producir importantes daños a causa de las voladuras debido a la onda sísmica producida por la explosión.

La vibración se atenúa considerablemente con el empleo de detonadores de microrretardo, ejecución de zanjas o líneas de precorte, cálculo muy cuidadoso de la carga operante (cantidad de explosivo que detona al mismo tiempo) en función de la distancia, etc. Cuando existe el riesgo de producir daños por las vibraciones del terreno, se requiere un estudio y proyecto especial a cargo de personal especializado y con muchas variantes en cada caso concreto.

En estas ocasiones el artillero se atendrá estrictamente a las instrucciones del técnico responsable, que comprenden cálculos complejos.

Es muy importante, en estos casos, que tanto la perforación como la distribución y colocación del explosivo se efectúe con el mayor esmero y exactitud.

Una voladura bien calculada, pero mal perforada y cargada puede ocasionar daños de mucha consideración, por lo tanto un trabajo cuidadoso por parte del perforista y artillero es fundamental para el buen éxito de la operación.

A continuación se detalla un cuadro de distancias admisibles en función de la distancia y de la carga de explosivo operante, a efectos de vibraciones del terreno, tomando como velocidad máxima de vibración la de 50 mm/s.

Lógicamente es a título orientativo, ya que existen múltiples factores a considerar en cada caso, tales como dureza de la roca, fragmentación del terreno, tipo y antigüedad de las estructuras y edificios, tipo de explosivo utilizado, etcétera.

Tabla 3. Carga de explosivo admisible en función de la distancia, a efectos de vibraciones. (Para una velocidad de vibración de 50 mm/s).

	Distancia mínima (m)	
Carga de explosivo (kg)	Roca dura	Roca media-blanda
0,150	10	4
0,300	16	6
0,450	20	8
0,600	24	10
1	32	14
5	100	40
10	150	60
20	240	100
25	280	110
50	440	180
100	700	280
150	900	360
200	1100	440

Capítulo 16

PEGAS EN MINAS Y TRABAJOS SUBTERRÁNEOS

Tanto en minas de interior, como en túneles y trabajos subterráneos, hay unos factores de riesgo a los que hay que prestar especial atención, aparte de los generales en el uso de explosivos:

a) Producción de gases tóxicos.
b) Peligros de hundimiento y desprendimiento de bloques sueltos *(lisos)* producidos por las pegas.
c) Corrientes eléctricas extrañas que pueden hacer explosionar los detonadores súbitamente. Estas corrientes pueden llegar al frente por la tuberías de aire comprimido, agua, ventilación, raíles, etc.

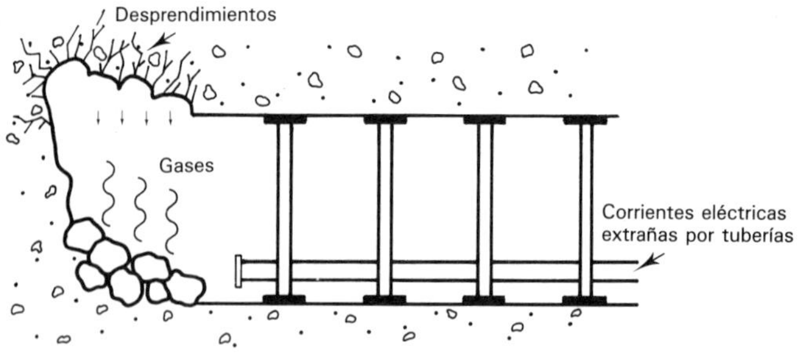

Fig. 21. ¡Riesgos en pegas de interior!

Como norma general en los trabajos subterráneos, el disparo de las pegas se hará siempre a horas fijas y preestablecidas.

En la pega eléctrica, la línea de tiro se situará sobre aisladores, apartada de todo tipo de conducciones metálicas y si hubiera otra línea eléctrica (lógicamente sin tensión en el momento de la pega), siempre por debajo y a más de 30 cm de distancia.

No se puede utilizar como línea eléctrica de tiro cualquier circuito existente, aunque esté fuera de uso.

En todos los casos, antes de iniciar la carga de los barrenos será necesario dejar sin corriente cualquier línea eléctrica en las cercanías, así como las máquinas y motores que estén situados en las proximidades del frente.

Respecto a los gases tóxicos producidos en la pega, no se podrá retornar al frente en tanto no estén completamente dispersos y disipados y en labores en fondo de saco, el retorno nunca se efectuará antes de quince minutos después del disparo.

Cuando exista ventilación secundaria (empleo de ventiladores), se comprobará siempre, antes y después de la pega, el correcto funcionamiento de la instalación. No podrá retornarse al frente si, como consecuencia del disparo, hundimiento, etc., la ventilación hubiera quedado interrumpida.

En lo que respecta al peligro de hundimientos y desprendimientos no sólo deben extremarse las precauciones en lo referente al frente, sino que el artillero efectuará el disparo de la pega en lugar perfectamente protegido y debidamente alejado del frente.

En los trabajos subterráneos hay que prestar especial atención al almacenamiento de explosivos y detonadores en el frente. Deben estar colocados en cofres distintos (uno para explosivo y otro para detonadores) y separados entre sí, diez metros como mínimo.

En trabajos de interior el transporte de los explosivos se hará únicamente por personal autorizado (artilleros). Nunca se efectuará el transporte a la entrada o salida de los relevos principales.

El transporte se hará separadamente para los explosivos y detonadores, conservando los embalajes y envases de origen, o en sacos y mochilas de buen cierre y de capacidad máxima de 25 kg.

Capítulo 17

PEGAS EN MINAS SUBTERRÁNEAS CON ATMÓSFERA EXPLOSIVA

Existe atmósfera explosiva en las minas con grisú y/o polvo de carbón.

En todo momento, independientemente de la obligatoriedad de cumplir las normas referentes a la seguridad en el uso y manejo de explosivos, se prestará especial atención a lo siguiente:

1. Estricto cumplimiento a las órdenes de la Dirección técnica de la mina y a lo establecido en las Disposiciones Internas de Seguridad.
2. No cargar la pega cuando las condiciones de la atmósfera interior sobrepase los límites establecidos.

   En minas con grisú cuando:

   a) La lámpara de gasolina lo detecta.
   b) Cuando utilizando detector, marca un porcentaje de grisú superior al 1 por 100.

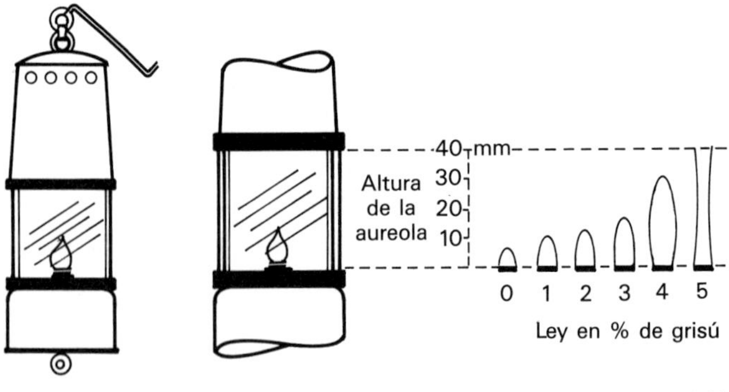

Fig. 22. Detección del grisú en lámpara de gasolina. A partir del 1 % la aureola de la llama empieza a subir.

Las mediciones son obligatorias, antes y después de cada pega. No sólo en el frente, sino también hay que hacerlo en el lugar de refugio desde dónde se dispara.

3. Utilizar siempre explosivos de seguridad. Está prohibido el empleo de los de tipo IV que lleven encartuchados más de seis meses y los de tipo II y III con fecha de encartuchado superior al año.
4. Los detonadores, cordón detonante, explosores y comprobadores serán del tipo de seguridad, homologados y autorizados por el Servicio de Minas.
5. El cartucho cebo se colocará siempre en el fondo de la carga, con el detonador dirigido hacia la boca del barreno.

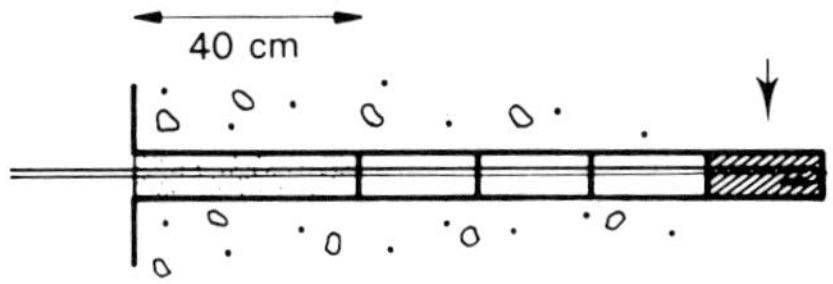

Fig. 23. Cartucho cebo en atmósfera explosiva.

6. El atacado se hará siempre con materiales plásticos. Nunca que puedan arder. Junto con los tacos normales, se colocarán tacos especiales enfriadores de gases, llamas o partículas incandescentes. El atacado deberá ocupar una longitud, al menos, de un tercio de la profundidad total del barreno, sin que sea necesario que exceda de 40 cm.
7. El detonador será de tipo especial, antigrisú.
8. No se pueden utilizar *parches* para el troceo de las piedras gruesas.
9. No se cargará ningún barreno que por su posición próxima a la superficie pueda producir una detonación al aire.

Capítulo 18

VOLADURAS SUBMARINAS

Son aquellas que se realizan bajo columna de agua, bien sea en ríos, lagos naturales o artificiales, o en el mar.

En las voladuras submarinas podemos distinguir dos casos:

a) Que las operaciones de perforación y carga de explosivo se realicen desde la superficie.
b) Que dichas operaciones se ejecuten directamente bajo la superficie del agua.

En el primer caso, los trabajos se efectúan a través de un pontón o plataforma flotante, perforando el barreno me-

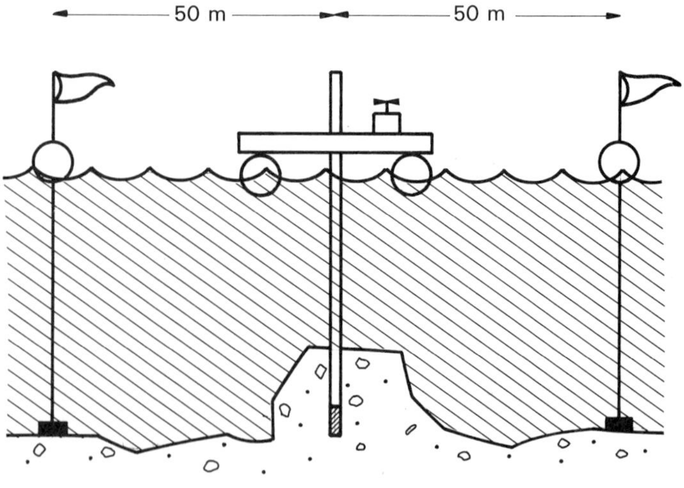

Fig. 24. Balizamiento en voladuras submarinas.

diante varillajes especiales con entubado y cargando el explosivo posteriormente a través de dicho entubado.

En este tipo de actuación, con plataforma, se permite la existencia de explosivo sobre el pontón, guardado en cofres adecuados, mientras se perfora. Sin embargo, los detonadores deberán estar fuera del pontón.

En el caso de efectuarse la perforación bajo el agua mediante buzos, buceadores o campanas neumáticas, sólo podrá iniciarse la operación de carga del explosivo una vez haya concluido la perforación y retirada la maquinaria correspondiente.

El cebado de los barrenos, tanto si se realiza dentro o fuera del agua, será exterior a los mismos.

Sea cual sea el diámetro del barreno, se utilizará siempre cordón detonante en toda su longitud *(caña).*

En las conexiones entre detonadores y en las de la línea de tiro, se utilizarán siempre aisladores o conectores de seguridad.

En todos los casos de voladuras y utilización de explosivos en trabajos submarinos es obligatorio balizar la zona en un radio mínimo de 50 metros.

Con anterioridad a la voladura se comprobará la ausencia de embarcaciones y bañistas y se tomarán las debidas precauciones para que las ondas de presión y oleaje generados no produzcan ningún tipo de riesgo.

Después de cada voladura y una vez lo permita la visibilidad de las aguas se realizará una inspección de la zona volada, al objeto de detectar y recuperar los posibles restos de explosivo procedente de barrenos fallidos.

El explosivo recomendado en voladuras submarinas es la Goma 1 E - AGV, que soporta grandes presiones, y como cordón detonante el de tipo submarino normal o reforzado (color amarillo o granate respectivamente).

Para grandes presiones de agua, deben utilizarse detonadores eléctricos tipo PA, con un cierre estanco que permite presiones hasta 100 kg/cm^2 (cables de color blanco).

Al objeto de facilitar la carga en voladuras submarinas, existe un tipo de encartuchado de plástico diseñado en forma de tubo rígido roscable que permite, por acoplamiento, obtener largas columnas de explosivo, facilitando la carga y una densidad homogénea en todo el largo del barreno.

Este tipo de encartuchado también se utiliza en los trabajos de prospección sísmica.

Capítulo 19

ALMACENAMIENTO DE EXPLOSIVOS

Los recintos en los que se almacenan los explosivos y según la vigente legislación sobre la materia, se clasifican en:

- Depósitos comerciales, para entidades abastecedoras o suministradoras.
- Depósitos de consumo, destinados a almacenamiento de productos explosivos para el servicio exclusivo de los consumidores habituales.
- Depósitos de ubicación temporal, con capacidad máxima de 5000 kg.
- Depósitos móviles, con capacidad máxima de 5000 kg, construidos sobre vehículo automotor.
- Depósitos en las plataformas marinas de perforación, donde se podrán instalar hasta dos cofres de una capacidad máxima de 25 kg de explosivo uno y 50 detonadores el otro.
- Depósitos auxiliares de distribución.

Por considerar que están fuera del alcance de aplicación práctica del presente Manual, no nos extenderemos en los cinco primeros depósitos citados, centrándonos en los depósitos auxiliares de distribución, mucho más frecuentes en los trabajos de canteras, minería y obras de construcción en ingeniería civil y por consiguiente, de normal y asidua utilización por los artilleros de explosivos.

DEPÓSITOS AUXILIARES DE DISTRIBUCIÓN

Se conocen también y más corrientemente con el nombre popularizado de MINIPOLV.

Se emplean para guardar el explosivo sobrante de una voladura y también para almacenar pequeñas cantidades de explosivo necesario para trabajos de taqueo y auxiliares.

Estos depósitos están construidos en forma de caja fuerte de hormigón o acero, totalmente anclada al terreno y con puerta de acceso provista de cerradura de seguridad.

Todos los depósitos auxiliares de distribución deberán estar homologados por la autoridad competente y la autorización de instalación y uso la concede, si procede, el Gobierno Civil de la provincia, previos informes favorables de la autoridad minera y de la Intervención de Armas de la Guardia Civil.

La capacidad máxima de almacenamiento de cada depósito es de 50 kg de explosivo o 500 detonadores.

Las distancias de los depósitos entre sí, y respecto a núcleos de población, complejos industriales, líneas de comunicación, etc., serán las siguientes:

Entre sí:

Distancia mínima entre dos depósitos de explosivo	8 m
Distancia mínima entre un depósito de explosivo y otro de detonadores	1,5 m

Distancias a:

Núcleos de población	125 m
Complejos industriales, nudos de comunicación y lugares históricos o monumentales	100 m
Líneas de comunicación, transporte y edificaciones aisladas	75 m

Además hay que situarlos en una determinada posición y protegerlos con defensas de tierras, en el caso de su instalación al aire libre, al objeto de conseguir y mantener las debidas condiciones de protección y seguridad.

Capítulo 20

TRANSPORTE DE EXPLOSIVOS

TRANSPORTE EN VEHÍCULOS

Los vehículos utilizados para el transporte de explosivos deberán estar autorizados por la autoridad de Minas.

El explosivo y los detonadores se transportarán en distintos vehículos.

Nunca se utilizarán vehículos con motor de explosión. El explosivo y detonadores irán en sus envases de origen, bien estibados para que no se produzcan golpes ni fricciones.

En las operaciones de carga y descarga, se adoptarán las siguientes medidas:

- Si fuera necesario depositar el explosivo en el suelo, se realizará con cuidado, evitando situarlo detrás del tubo de escape.
- El motor del vehículo estará parado, las llaves de contacto en poder del conductor y si lleva aparato de radio estará desconectado.
- Antes de proceder a la carga o descarga de detonadores, se conectará el vehículo a un dispositivo de puesta a tierra.
- No se fumará ni encenderá ningún tipo de fuego.
- Antes de iniciar las operaciones de carga y descarga de detonadores, el conductor del vehículo procederá a descargarse de la electricidad estática (contacto a tierra con una varilla de hierro).

DISTRIBUCIÓN

El transporte de los explosivos desde los depósitos de distribución a los lugares de utilización se hará separadamente para los explosivos y para los detonadores. Los portadores estarán debidamente autorizados y no podrán utilizar lámparas que no sean de seguridad.

Los explosivos se transportarán en sus envases y embalajes de origen o en sacos y mochilas de buen cierre y con capacidad máxima para 25 kg.

Los detonadores y demás accesorios explosivos se transportarán en sus envases de origen o en cartucheras adecuadas con cierre eficaz, acondicionadas para que no pueda producirse choque entre los mismos ni queden fuera de ellas los hilos de los detonadores eléctricos.

Capítulo 21

EL ARTILLERO DE EXPLOSIVOS

Según establece la vigente legislación sobre la materia, los artilleros de explosivos, debidamente autorizados, son las únicas personas capacitadas para su uso y manejo.

Para ello deben estar en posesión del correspondiente Certificado de Aptitud (Cartilla de Artillero) expedido por la autoridad de Minas, que le autoriza para este tipo de trabajo y por el período de tiempo que en dicho certificado se especifique.

El período de validez del certificado de aptitud se otorga para un período de cinco años y en él se hacen constar las facultades que le confiere. En la Cartilla de Artillero se hace constar si está capacitado para efectuar todas o alguna de las siguientes pegas:

— Pegas con mecha.
— Pegas eléctricas.
— Pegas en trabajos de interior.
— Pegas en trabajos de exterior.
— Pegas en minas con atmósfera inflamable.
— Pegas en voladuras submarinas.

Para la obtención del certificado de aptitud, se deberá superar un examen, ante la autoridad de Minas, sobre el uso y manejo de explosivos y muy especialmente en lo relacionado con las medidas de seguridad.

Normalmente dicho examen es de tipo teórico-práctico, y las materias que se deben conocer están suficientemente incluidas en el presente Manual.

Junto con la documentación de la solicitud de examen, se suele exigir un certificado, suscrito por un técnico de Minas, en que se acredite que el aspirante a artillero ha sido debidamente instruido y que ha efectuado las prácticas necesarias.

El artillero de explosivos debe ser consciente de la importancia y responsabilidad de su labor, ya que al estar autorizado al uso y manejo de una sustancia tan potencialmente peligrosa como es el explosivo ha de tener en cuenta en todo momento los riesgos existentes, y en caso de un manejo incompetente y temerario los daños irreparables que puede producir, ocasionando accidentes que en la mayoría de los casos son de funestas e irremediables consecuencias, tanto para el propio artillero, como para sus inmediatos compañeros de trabajo.

El artillero guardará y hará guardar, con toda exigencia, las normas de seguridad referentes al uso y manejo de explosivos, sin excesos de confianza que conlleva la experiencia.

La mayoría de accidentes con explosivos son ocasionados por dicha confianza que hace que, en ocasiones, se olviden y deterioren las medidas de seguridad.

El artillero debe conocer perfectamente su cometido, sin dejar nada a la improvisación, y efectuarlo con la misma atención y cuidados desde el día en que se inicia en estas labores, hasta después de transcurridos largos años de experiencia.

Ante cualquier situación imprevista y en caso de duda, deberá abstenerse de actuar, solicitando siempre que sea necesario, el asesoramiento del Técnico de Minas responsable de los trabajos.

Durante el desarrollo de su labor no debe permitir la presencia de curiosos ni de personal ajeno a la pega, quien por su desconocimiento y falta de preparación, aparte de entorpecer los trabajos, pueda cometer imprudencias de peligrosas consecuencias.

Capítulo 22

EL GUARDA JURADO DE EXPLOSIVOS

El Guarda Jurado de Explosivos es la persona que debidamente autorizada está al cargo de la vigilancia de los explosivos en sus distintas fases de fabricación, almacenamiento y transporte.

En el ejercicio de sus funciones tiene el carácter de agente de la autoridad y la consideración de auxiliar de los servicios correspondientes de la Dirección General de la Guardia Civil.

El nombramiento y credencial de Guarda Jurado de Explosivos lo otorga el Gobernador Civil de la provincia.

Para ello, y a través de la entidad o persona autorizada para la fabricación, depósito o comercio de sustancias reglamentadas que hayan de contar con el servicio de Guardas Jurados de Explosivos presentará la propuesta de nombramiento a través de la Comandancia de la Guardia Civil de la demarcación correspondiente incluyendo la documentación requerida, entre la que se incluye un Certificado de Aptitud en el conocimiento de los explosivos expedido por la autoridad de Minas.

Todos los requisitos, documentación y trámites necesarios para la obtención del nombramiento de Guarda Jurado de Explosivos, se especifican en el Real Decreto 760/1983 de 30 de marzo, por el que se regula el nombramiento y el ejercicio de los Guardas Jurados de Explosivos.

Capítulo 23

DISPOSICIONES LEGALES

Las que regulan el uso y manejo de explosivos son las siguientes:

- Reglamento de Policía Minera y Metalúrgica (1934).
- Decreto 2540/1960 de 22 de diciembre.
- Decreto 1466/1962 de 22 de junio.
- Decreto 416/1964 de 6 de febrero.
- Decreto 2991/1967 de 14 de diciembre.
- Reglamento de Explosivos (1978).
- Reglamento General de Normas Básicas de Seguridad Minera (1985) y posteriores Instrucciones Técnicas Complementarias.
- Órdenes del Ministerio del Interior.
- Órdenes del Ministerio de Industria.
- Circulares de Gobiernos Civiles.
- Circulares de la Dirección General de Minas.
- Instrucciones y Prescripciones de la autoridad de Minas.
- Disposiciones Internas de Seguridad.

Capítulo 24

TRAMITACIÓN DE SOLICITUD DE EXPLOSIVOS

De acuerdo con el vigente Reglamento de Explosivos, los consumidores de explosivos se clasifican en:

Consumidores habituales. Son aquellos que requieren para el ejercicio normal de la actividad que desarrollan el consumo de explosivos.

Consumidores eventuales. Son aquellos que ocasionalmente precisen el uso de las referidas materias para realizar alguna actividad que tengan autorizada.

En la práctica, se consideran habituales a las minas y canteras, dada su continuidad en tiempo y lugar.

La duración de una autorización de consumidor habitual es indefinida, salvo renuncia o revocación.

Para el resto de las actividades, obras civiles, construcción, demoliciones, pozos y sondeos, etc., las autorizaciones son de carácter eventual, con una duración equivalente a la de la obra y no superior a un año. Si la duración de los trabajos fuera de un tiempo mayor, se acostumbran a conceder prórrogas.

La cantidad de explosivo autorizada es, para los habituales, según las necesidades de la explotación y en los eventuales, según la necesidad de cada obra o trabajo.

Los consumidores habituales y eventuales solicitarán autorización para abastecerse al Gobernador Civil de la provincia correspondiente, previo informe de la Dirección Provincial del Ministerio de Industria y Energía y de la Intervención de Armas y Explosivos de la Guardia Civil.

Normalmente, las solicitudes se tramitan y canalizan en las Direcciones Provinciales del Ministerio de Industria y Energía (o equivalentes en las Comunidades Autónomas) facilitando en estas dependencias los impresos e instrucciones necesarios para la tramitación.

Junto con la solicitud e informes citados, generalmente es necesario la presentación de un proyecto, suscrito por un técnico de Minas y otros documentos, tales como licencia municipal, cálculo de vibraciones, certificado de Dirección facultativa, relación de artilleros autorizados, seguro de responsabilidad de daños, etc.

Existen variaciones en cada Dirección Provincial, por lo que el interesado deberá informarse en cada caso concreto.

Una vez obtenida la autorización del Gobierno Civil, las Direcciones Provinciales del Ministerio de Industria y Energía facilitan a los consumidores un libro talonario de pedidos.

Autorizado el pedido correspondiente, las hojas se entregan al proveedor de explosivo, para su expedición y tramitación de las guías de circulación.

Las Direcciones Provinciales establecerán un plazo de validez para los pedidos autorizados, plazo que no es superior a un mes.

Los consumidores de explosivos, deben dar cuenta al puesto de la Guardia Civil más próximo de las cantidades consumidas. El explosivo sobrante de cada jornada, deberá ser devuelto al polvorín de origen o destruido o si la Guardia Civil lo autoriza, almacenado en un recinto cerrado en perfectas condiciones de seguridad y debidamente custodiado.

Capítulo 25

APLICACIONES PRÁCTICAS EN LA UTILIZACIÓN DE EXPLOSIVOS

ESQUEMAS DE TIRO

A continuación se detallan algunos esquemas y datos de tiro en casos prácticos y actividades ordinarias en los que es de aplicación el uso de explosivos.

Cómo fácilmente se entenderá, son a título orientativo, ya que es imposible la adopción de unos criterios fijos al existir infinidad de variantes que influyen en cada caso determinado, tales como el tipo de roca a volar, características de la estratificación del terreno, diámetro de la perforación, tipo de explosivo a utilizar, limitaciones impuestas por las proyecciones y vibraciones del terreno, tamaño de fragmentación deseado, etc.

No obstante, son válidos como punto de partida para la ejecución de la primera pega o voladura, y posteriormente la propia experiencia adquirida en cada caso particular nos hará introducir las variantes necesarias, no de carácter sustancial, que nos harán llegar a los resultados deseados.

En todo trabajo con explosivos, hay que tener muy en cuenta que en la disposición de los barrenos y secuencia de salida de los mismos para obtener un buen arranque de la roca hay que establecer las siguientes divisiones:

1. Barrenos de salida o cuele.
2. Barrenos de destroza o arranque.
3. Barrenos de recorte o acabado.

En trabajos especiales en que haya que dejar un talud perfectamente recortado y limpio, y también cuando deseamos amortiguar las vibraciones, tendríamos que añadir una cuarta fase que denominaríamos 4. Barrenos de precorte, y que comentaremos en el apartado correspondiente.

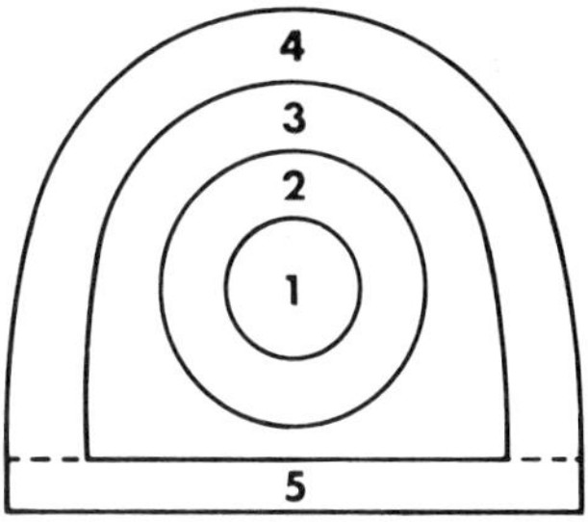

1 Cuele
2 Contracuele
3 Destroza
4 Recorte
5 Zapateras

Fig. 25. Secuencia de arranque en túnel y galerías.

Barrenos de salida o cuele

Son los primeros que tienen que explosionar en la pega y su misión es la de forzar una apertura o salida para que el resto de los barrenos trabajen eficazmente.

El buen resultado del cuele es fundamental. Si por cualquier causa fallan los barrenos de apertura, lo más probable es que nos falle el resto de la voladura, quedando *colgada,* con las consecuencias que ello origina, al presentársenos los siguientes problemas:

- Roca fracturada y no desprendida, lo que nos impide una nueva perforación y carga de explosivo, por las grietas y fisuraciones producidas.
- Peligro de desprendimientos imprevistos, con el consiguiente riesgo para personas y máquinas.
- Dificultades para la extracción de la masa de roca no arrancada, operación que tiene que efectuarse con extrema lentitud y cuidado.
- Considerable pérdida de tiempo y desorganización del ciclo normal de trabajos.

El cuele presenta mayores dificultades e importancia en trabajos de interior, ya que al estar muy limitados los frentes libres de salida, hay que provocarlos con los barrenos de apertura. Por tanto el cuele debe efectuarse con todo esmero y especial atención. Los barrenos deben tener una menor separación entre sí y a la cara libre, y contener una mayor cantidad de explosivo (en túneles puede llegar hasta 7 kg/m^3).

Incluso en voladuras de bancos, en los que existe un amplio frente libre y las condiciones son muy favorables, debe iniciarse la voladura en una zona de cuele o salida de menor resistencia.

En los croquis puede apreciarse la distribución esquemática y como hemos ya indicado, meramente orientativa de la disposición de los barrenos de cuele en bancos de exterior, galerías de interior, profundización de pequeños pozos y en excavaciones de desmonte.

Los tipos de cuele son innumerables, ya que hay que adaptarlos a las condiciones específicas de cada lugar de trabajo.

En ocasiones es aconsejable ensayar previamente, antes de efectuar una voladura o pega general, hasta obtener el que más nos convenga a las características del terreno, sistema de perforación y rendimientos deseados.

Para galerías de grandes secciones y excavaciones de interior de gran volumen se utilizan sistemas de cuele de gran número de barrenos, incluso de distintos diámetros y combinando barrenos con explosivo y otros sin cargar. Los sistemas son muy variados y entre otros podríamos citar los denominados *Canadiense, Coromant, Fagersta, Belga, Alemán, Sarrois,* en cuña, abanico, cremallera, etc., pero cuya descripción no corresponde al objeto del presente Manual, y que en todo caso serán diseñados y calculados por la dirección técnica de los respectivos trabajos.

A título informativo y para pequeñas labores a efectuar por artilleros en pequeñas galerías y pozos, los reseñados gráficamente son perfectamente válidos y dan una idea clara de cual es su objetivo primodial.

Hay que hacer la observación de que trabajando con detonadores y mecha, no es fácil obtener buenos resultados en los cueles, al no poder asegurar la secuencia de tiro más adecuada, por lo que para trabajar con éxito, es imprescindible utilizar la pega eléctrica con los detonadores de retardo o microrretardo adecuados.

Los barrenos de cuele deben dispararse siempre teniendo en cuenta la siguiente regla: EL BARRENO DE MÁS FÁCIL SALIDA ACTÚA SIEMPRE ANTES QUE EL POSTERIOR.

A tal fin actuaremos convenientemente, conectando la pega con los detonadores de retardo adecuado, partiendo del n.° 0, siguiendo la secuencia con el 1, 2, 3, 4, etc.

DISTINTOS TIPOS DE BARRENOS
DE SALIDA O CUELE

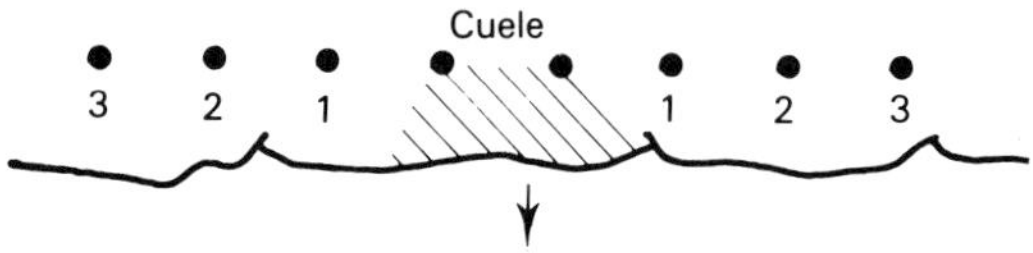

Fig. 26. Arranque en bancos (planta).

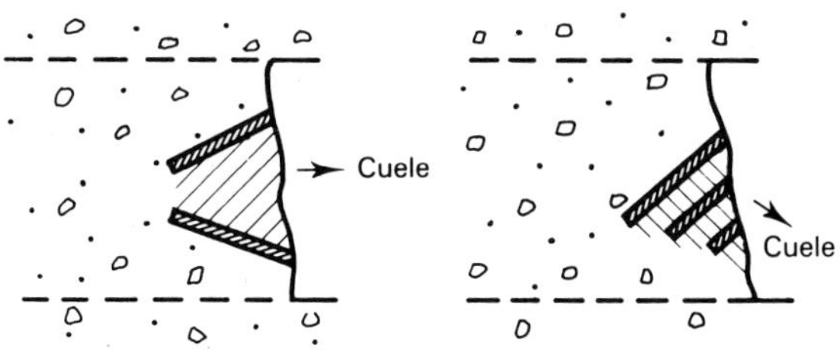

Fig. 27. Avance en galerías (sección).

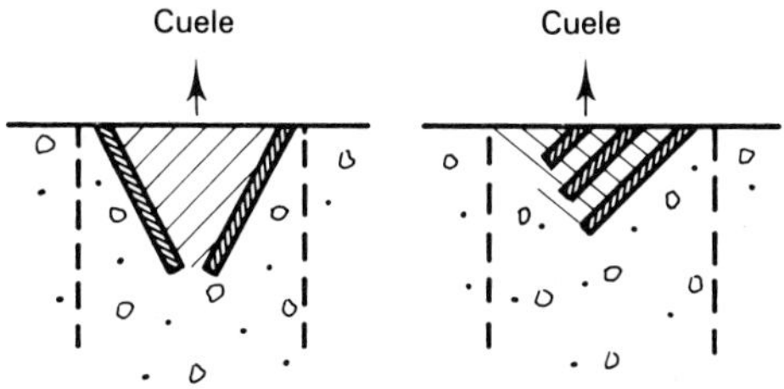

Fig. 28. Profundización de pozos (sección).

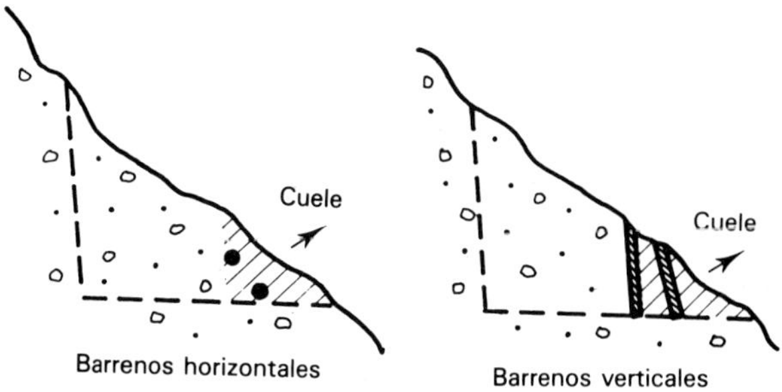

Fig. 29. Excavaciones de desmonte.

Barrenos de destroza o arranque

Una vez formado el cuele correctamente, la salida de los barrenos de destroza es la que actúa a continuación, consiguiéndose el arranque de la voladura.

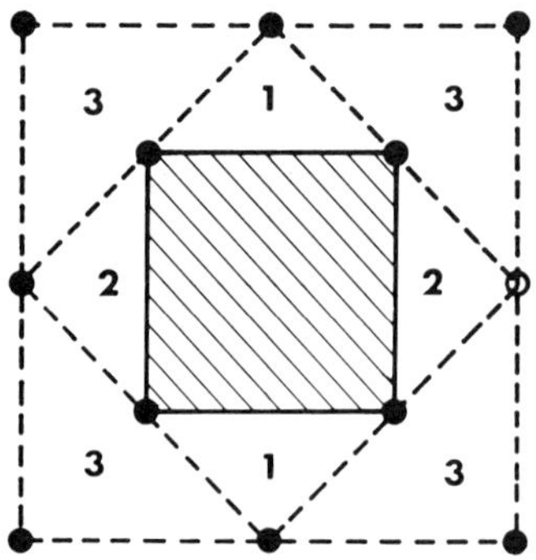

Fig. 30. Esquema de barrenos de destroza (túnel y galerías).

Estos barrenos pueden tener un distanciamiento mayor y una menor carga de explosivo (1,5 a 2,5 kg/m^3 en túnel) que los de cuele, no precisando tanta meticulosidad y cuidados en su perforación y carga.

Los barrenos de arranque tienen muchas denominaciones, según las regiones y los tipos de trabajo (minería o túneles). Así se habla de *chulanas, contracuele, rastreras, coronas, zapateras,* etc., según su situación dentro del esquema de perforación.

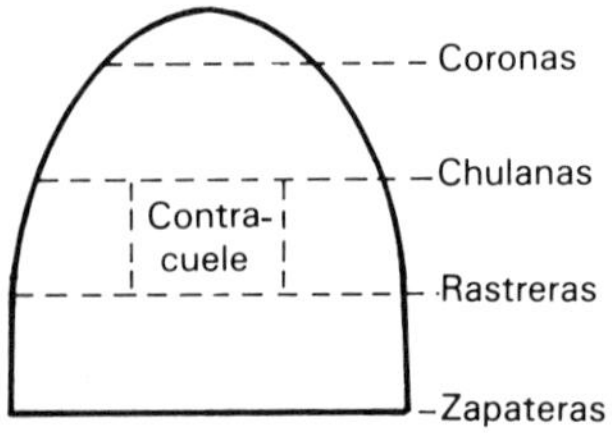

Fig. 31. Denominación de los barrenos (galerías y túneles).

Barrenos de recorte o acabado

Son aquellos que explosionan en la secuencia final de la pega o voladura y forman la sección o frente definitivo.

En trabajos de interior se denominan *coronas* los de la parte superior y *zapateras,* los de la zona más inferior.

Es importante que estos barrenos trabajen bien, al objeto de dejar los hastiales y frente en las galerías perfectamente recortados y, lo que es muy importante, sin romper la roca contigua, produciendo grietas y desprendimientos de bloques sueltos, muy peligrosos siempre y que hay que limpiar y eliminar en las operaciones de saneo, antes de reanudar los trabajos.

Para ello es muy conveniente no escatimar y reducir el número de barrenos necesarios, al objeto de que la carga de explosivo que se precise quede repartida entre ellos evitando grandes concentraciones de carga que podrían producir sobreexcavaciones innecesarias y rotura de roca no deseada.

Es muy frecuente encontrarse con perfiles finales muy irregulares y mal acabados, consecuencia de una mala planificación y ejecución en los barrenos de recorte.

En galerías y túneles, aparte del riesgo que supone un techo y hastiales irregulares y sobreexcavados, hay que tener en cuenta, a la hora del hormigonado, el coste adicional que representa esta sobreexcavación innecesaria.

Asimismo, un techo fisurado y roto obliga a incrementar las labores de entibación y sostenimiento, con los consecuentes incrementos de materiales y pérdidas de tiempo.

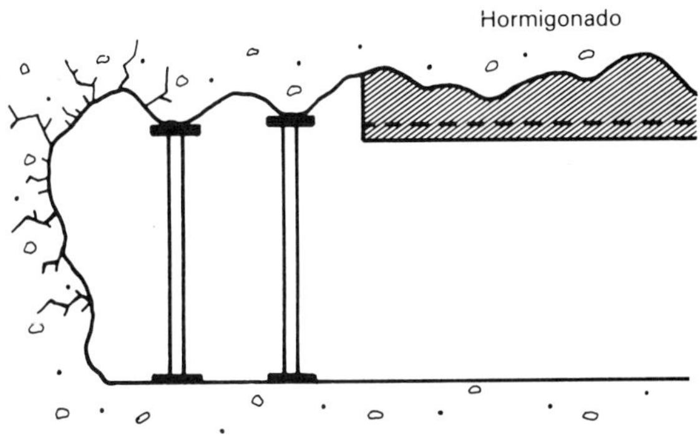

Fig. 32. Sobreexcavación en túneles, más hormigonado y entibación.

Consumo de explosivo en túneles y galerías

Como hemos indicado depende de muchos factores. A título orientativo podemos citar la cifra de 1,5 a 3 kg/m³, sobre el volumen total.

En la zona de cuele se incrementa (hasta 7 kg/m³) y disminuye en la zona de arranque y recorte.

VOLADURA DE BANCOS

Es el caso más frecuente de la utilización de explosivos en voladuras para trabajos de excavación en roca o arranque de mineral en explotaciones a cielo abierto.

En muchas ocasiones se combina el arranque en varios bancos escalonados, con lo que se obtiene un campo amplio de arranque, con volúmenes de roca o mineral muy elevados.

El sistema de bancos se utiliza en: canteras, minería a cielo abierto (exterior), desmontes, vaciado de solares, apertura de pistas y carreteras, rebajes y excavaciones en general.

Línea de menor resistencia, *carne* o *piedra* (D, fig. 33)

Es la distancia existente entre el frente libre y la primera línea de barrenos paralela a dicho frente. Varía en cada caso particular y depende de muchos factores (tipo de explosivo,

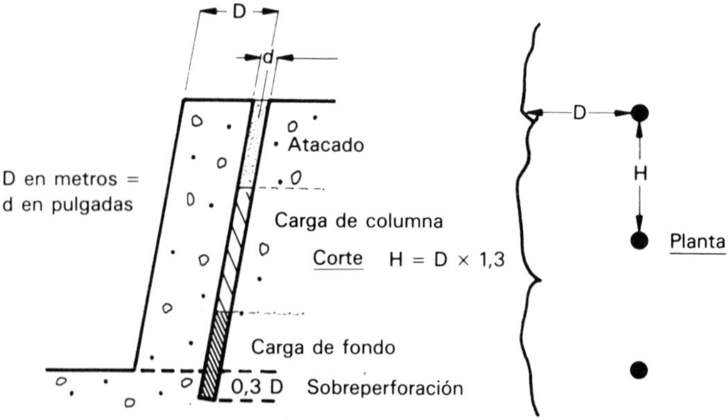

Fig. 33. Voladuras de bancos.

clase de roca, estratificación, diámetro de los barrenos, etc.).

Para calcular práctica y rápidamente la línea de menor resistencia es muy eficaz la siguiente regla:

DIÁMETRO DEL BARRENO EN PULGADAS =
= DISTANCIA AL FRENTE EN METROS

Ejemplo:

Perforando con un martillo con boca de 3 ½ pulgadas, la distancia al frente sería de 3,5 metros.

Separación entre barrenos (H, fig. 33)

La separación entre barrenos, como norma general, la obtendremos multiplicando por 1,3 la línea de menor resistencia.

Para el caso anterior sería:

$$3{,}5 \text{ m} \times 1{,}3 = 4{,}5 \text{ m aproximadamente}$$

Altura de bancos

Puede ser muy variable, siendo la más aconsejable la comprendida entre 12 y 20 m. Influye en la altura el talud, altura de carga de las máquinas cargadoras, capacidad de las perforadoras, tamaño del material a arrancar, etc.

Diámetro de perforación

Oscila entre 40 mm, en la perforación a martillo de mano en pequeños rebajes, a 200 mm en grandes canteras y explotaciones mineras, aunque el más generalizado es el de 60 a 85 mm.

Normalmente y por costumbre muy arraigada los diámetros de los barrenos suelen expresarse en pulgadas (2″, 3 ½″, 4″, etc.).

Sobreperforación

Es conveniente dar una longitud mayor al barreno de la que se prevé en el arranque, ya que de no hacerlo así la voladura saldría defectuosa y con repiés.

Como regla general, calcularemos la sobreperforación

multiplicando por 0,3 la distancia D (línea de menor resistencia).

En el caso anterior sería:

$$3{,}5\ (D) \times 0{,}3 = 1 \text{ metro, aproximadamente}$$

Inclinación de los barrenos

Es aconsejable dar una pequeña inclinación a los barrenos ($\sim 15°$) ya que con ello obtenemos menos repiés y una mejor fragmentación.

Carga de fondo

Es la carga de explosivo que concentramos en el fondo del barreno para provocar la ruptura de la roca. Suele ser de un explosivo de alta potencia y densidad. Normalmente se utiliza como carga de fondo la Goma 2 EC o los Hidrogeles.

Carga de columna

Es el explosivo que se sitúa por encima de la carga de fondo y que efectúa la rotura de la parte superior del banco. Puede ser de menor potencia y densidad que el empleado como carga de fondo. El más utilizado es la Nagolita a granel.

Consumo de explosivo

Lógicamente es variable en cada caso particular. Con una cierta aproximación podemos cifrarlo entre 300 y 400 gramos de explosivo por metro cúbico a arrancar.

Repiés

Llamamos repié a la zona inferior del banco que por una causa u otra no ha arrancado convenientemente.

Causas de repiés

Tal como puede apreciarse en la figura 34, se originan repiés en las voladuras por las siguientes causas:

— Barrenos de menos profundidad de la debida.
— Desvío en la perforación.

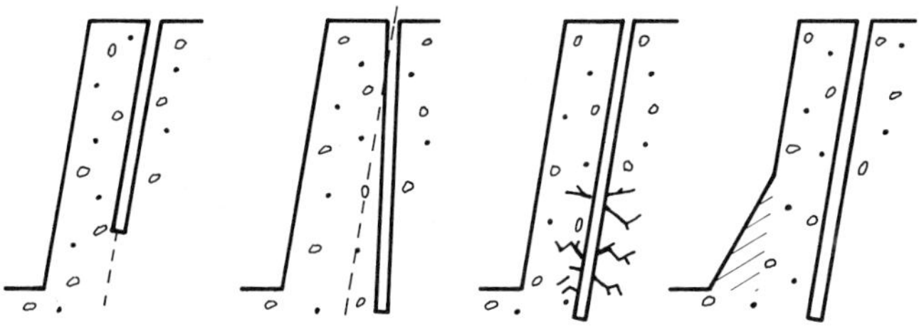

Fig. 34. Causas de repiés en canteras.

— Mal rendimiento del explosivo por estar el terreno roto o fisurado.
— Repié anterior que impide la eficaz actuación del explosivo por tener que actuar ante una masa excesiva de roca.

Eliminación de repiés

Lo ideal es conseguir la total eliminación de los repiés mediante una correcta perforación y voladura, calculando bien la carga de explosivo y la sobreperforación e inclinación de los barrenos. En caso de formarse, se eliminan mediante la perforación y disparo de un barreno horizontal *(zapatera)*, que se dispara al mismo tiempo que el más cercano vertical, dentro del esquema de tiro de la voladura general.

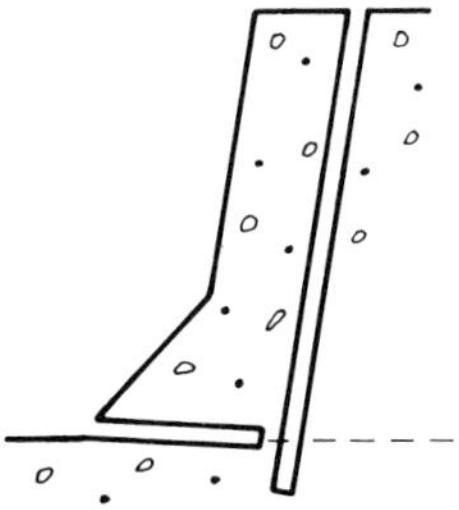

Fig. 35. Eliminación de repié con «zapatera».

El inconveniente que presentan las *zapateras* es la dificultad de carga de explosivo, por la longitud y horizontalidad del barreno.

Eliminación de bloques

En grandes voladuras la zona de atacado (que en ocasiones llega a 4 o 5 metros), al estar prácticamente fuera de la zona de influencia del explosivo, produce grandes bloques en la voladura que hay que taquear posteriormente.

Se consigue eliminarlos en gran parte mediante la intercalación de barrenos de pequeño diámetro (40-30 mm) entre los de gran diámetro de la voladura y de una profundidad igual a la de la zona de atacado.

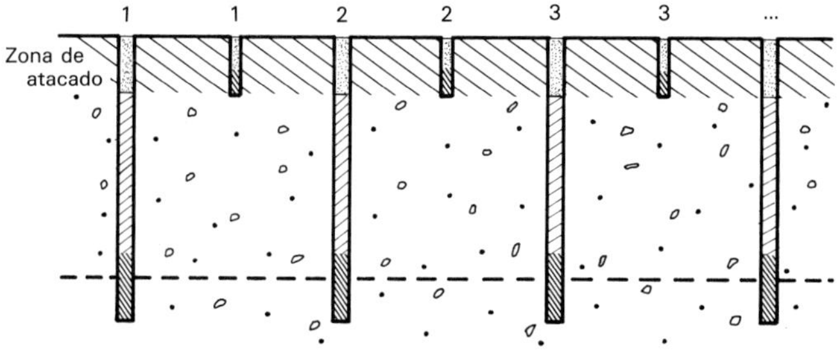

Fig. 36. Eliminación de bloques en grandes voladuras. Intercalando pequeños barrenos en zona de atacado.

Estos barrenos cortos se disparan al mismo tiempo que los contiguos de gran diámetro de la voladura general.

EXCAVACIÓN DE PISTAS Y DESMONTES

Es el tipo de voladura que se efectúa para la apertura de caminos, pistas forestales, rampas de acceso en canteras, etcétera. Existen dos variantes fundamentales en dicho tipo de excavación: Voladuras verticales y voladuras horizontales.

Voladuras verticales

Presenta las siguientes ventajas:

- Menor consumo de explosivo.
- Escasa proyección.
- Taludes sanos y enteros.
- Facilidades en la carga de barrenos.

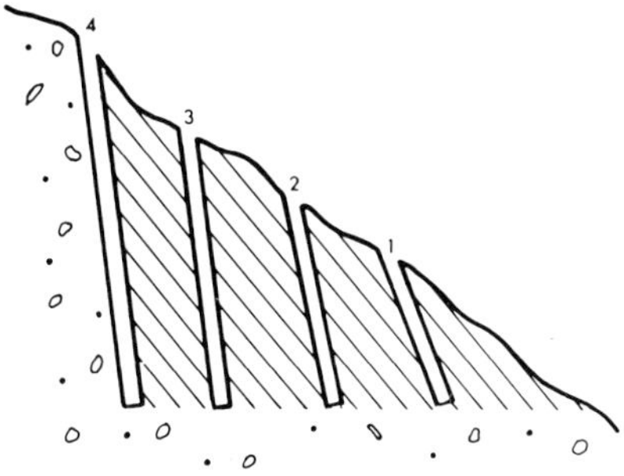

Fig. 37. Construcción de pistas (perforación vertical).

Por el contrario se nos presentan los inconvenientes de:

- Dificultad en la perforación, por la imposibilidad de situar adecuadamente las perforadoras.
- Mayor lentitud de avance.

Voladuras horizontales

Como factores favorables tenemos:

- Facilidad de acceso de los equipos de perforación.
- Mayor velocidad de avance.

En contra, tenemos los siguientes inconvenientes:

- Dificultades en la carga de explosivo y la imposibilidad de utilizarlo *a granel.*

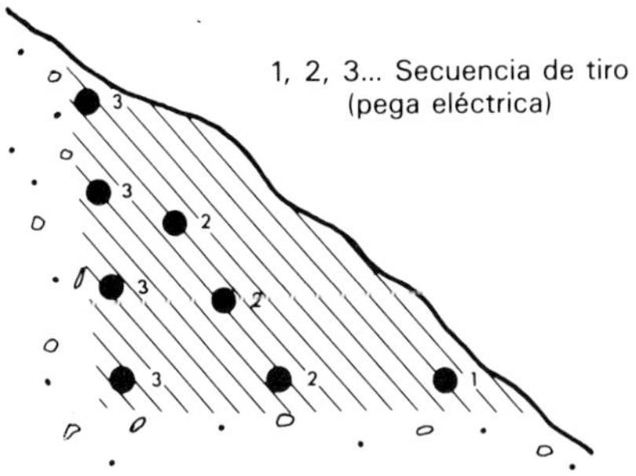

Fig. 38. Construcción de pistas (perforación horizontal).

— Mayor consumo de explosivo.
— Muchas proyecciones.
— Taludes rotos e irregulares.

En general y siempre que el terreno y las posibilidades de los equipos de perforación nos lo permitan, utilizaremos preferentemente las voladuras verticales.

El consumo de explosivo (orientativo) es de 300/400 g/m³ en voladuras verticales y 300/600 en las horizontales.

PROFUNDIZACIÓN DE POZOS

Nos referimos aquí a pozos de pequeña sección (hasta 1,50 m de diámetro), que son los excavados normalmente en los trabajos de alumbramiento y captación de aguas subterráneas.

Como norma fundamental, en la profundización de pozos, debe utilizarse siempre la pega eléctrica, por la seguridad que ofrece el disparar fuera del pozo y en lugar seguro, en contra de las limitaciones que presenta la pega con mecha.

Como en todos los trabajos subterráneos, es muy importante el buen resultado del cuele para el buen éxito general de la pega, y también el de los barrenos de recorte para evitar sobreexcavaciones innecesarias.

No obstante, cuando el destino del pozo es para captar aguas subterráneas, en ocasiones hay que sobrecargar las pegas en las cotas más profundas, con la intención de fisurar y romper el terreno al objeto de conseguir una mayor afluencia de agua.

Debido a la humedad y agua existentes, se utilizará siem-

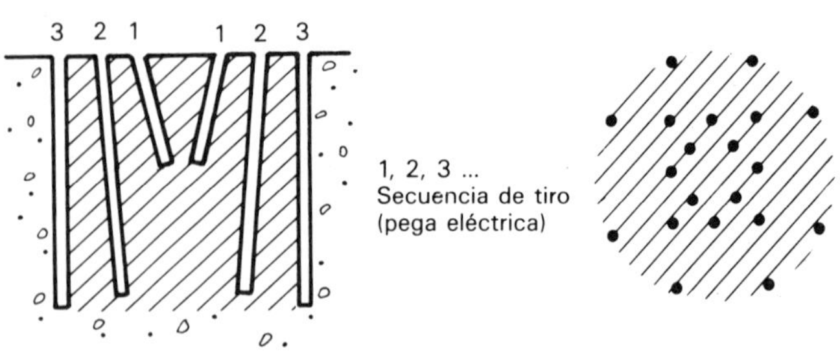

Fig. 39. Construcción de pozos.

pre explosivo de tipo gelatinoso (gomas), ya que los pulverulentos y nagolita darían malos resultados.

Hay que prestar atención a las conexiones eléctricas, que nunca deben estar en contacto directo con el suelo, y en caso de existir mucha humedad, protegerlas con conectores engrasados.

A la hora de conexionar la pega eléctrica, es importantísimo cortar la corriente en el equipo de grúa, cable y caldera utilizado para el descenso del personal y carga del escombro, teniendo la línea de tiro en cortocircuito hasta el momento de que todo el personal esté en el exterior y debidamente protegido. Hasta ese momento, no se debe conectar al explosor.

El consumo de explosivo, en la excavación de pozos, oscila entre 1,5 y 2,5 kg/m^3 de roca a excavar y volar.

PRECORTES

Llamamos precorte a una serie de barrenos verticales y paralelos, separados por pequeñas distancias y comunicados entre sí por una línea de rotura del terreno provocada artificialmente mediante la utilización de explosivo.

El precorte tiene dos finalidades primordiales:

- Obtención de taludes perfectamente regulares y sin resquebrajar.
- Formación de una barrera de dispersión de las ondas vibratorias producidas en la detonación del explosivo.

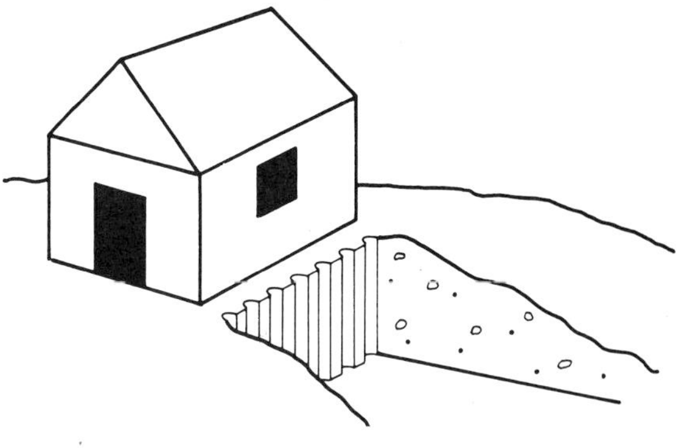

Fig. 40. Barrenos de precorte en excavación de solar.

El primer caso se nos presenta principalmente en las excavaciones de solares, centrales subterráneas, taludes en carreteras y autopistas, etc., ya que el precorte nos elimina la sobreexcavación y al mismo tiempo se consigue el talud deseado en un alto grado de aproximación.

En el caso de eliminación de vibraciones, es muy frecuente el uso de precorte en todo tipo de trabajos con explosivos en los que, por su proximidad a núcleos habitados u otros tipos de estructuras, existe el riesgo de provocar daños por las vibraciones del terreno.

En este caso el precorte actúa como una pantalla que dispersa y corta las ondas vibratorias.

En la ejecución del precorte distinguimos las siguientes fases:

Perforación

Los barrenos tienen que estar perfectamente paralelos.

El diámetro entre 40 y 70 mm y la separación entre barrenos la menor posible (en trabajos de no demasiada precisión podríamos establecer: Diámetro del barreno en milímetros = Separación entre barrenos en centímetros).

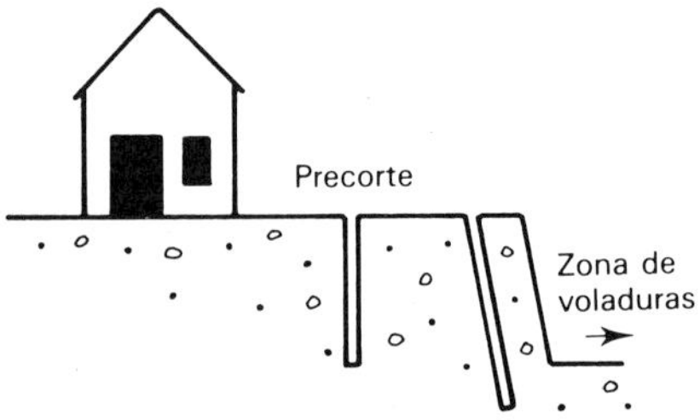

Fig. 41. Protección con precorte (corte).

Voladura

En los barrenos se detona una carga débil de explosivo (menor cuanto menor es la separación entre barrenos).

Dicha carga debe ser insuficiente para afectar a la masa de la roca, pero suficiente para provocar una grieta de rotura a lo largo de la fila de barrenos.

El disparo de la línea de precorte hay que efectuarlo *an-*

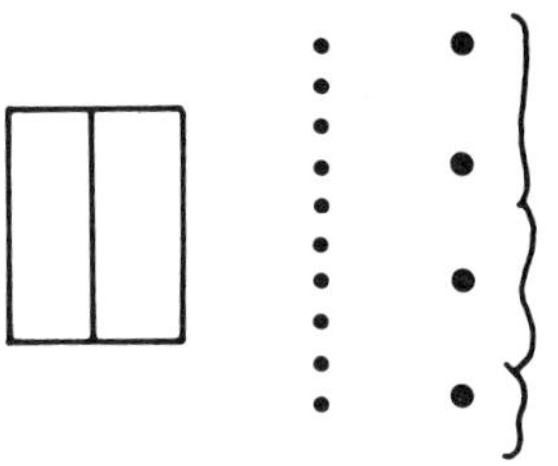

Fig. 42. Protección con precorte (planta).

tes del de la voladura cuyos efectos queremos prevenir y que pudiera afectar a la zona a proteger.

En trabajos de perforación muy meticulosos (diámetro de perforación de 40 mm y separación entre barrenos de 5 cm), no es preciso la utilización de explosivo, ya que la onda de las voladuras cercanas nos produce la apertura de la grieta deseada.

Esto es importante cuando, por la proximidad de edificios o estructuras, deseamos obtener una línea de precorte sin utilización de explosivos, como ocurre en la excavación de solares colindantes con edificios.

Como hemos indicado, la carga de explosivo debe ser mínima. Únicamente la necesaria para producir el agrietamiento deseado.

La carga debe estar uniformemente repartida a lo largo del barreno y todos los barrenos deben ser disparados simultáneamente, lo que representa un inconveniente al incrementar la carga operante (la que actúa al mismo tiempo), lo que debemos tener en cuenta al objeto de prever la vibración producida por el precorte.

En muchas ocasiones, dependiendo del diámetro y separación entre barrenos, se consigue la rotura utilizando tan sólo cordón detonante de 12 g/m.

En la tabla 4, y con carácter orientativo, relacionamos la tabla de separación entre barrenos y carga recomendada, según Explosivos Río Tinto y Río Blast, S.A., para rocas duras o semiduras.

Uno de los inconvenientes en las operaciones de precorte, en muchos casos, es la necesidad de cortar los cartuchos de explosivo para su adecuada distribución a lo largo del barreno, operación que requiere una autorización especial de la autoridad de Minas.

Tabla. 4. Separación entre barrenos y carga recomendada.

Diámetro de perforación (mm)	Separación entre barrenos (cm)	Carga de explosivo (g)
32 a 50	25 a 55	80 a 250
50 65	45 75	150 350
65 90	60 100	250 500
100	75 120	300 900

En cada caso particular adoptaremos las precauciones necesarias, ya que, lógicamente, no es lo mismo efectuar un precorte dentro del casco antiguo de una población junto a edificios monumentales e históricos que en el talud de construcción de una autopista en pleno descampado.

A efectos de seguridad adoptaremos las siguientes normas: A menor distanciamiento entre barrenos, corresponde menor carga de explosivo.

Al objeto de simultanear la explosión de cada barreno se unirán entre sí con cordón detonante, consiguiendo así los mejores resultados en la línea de fractura.

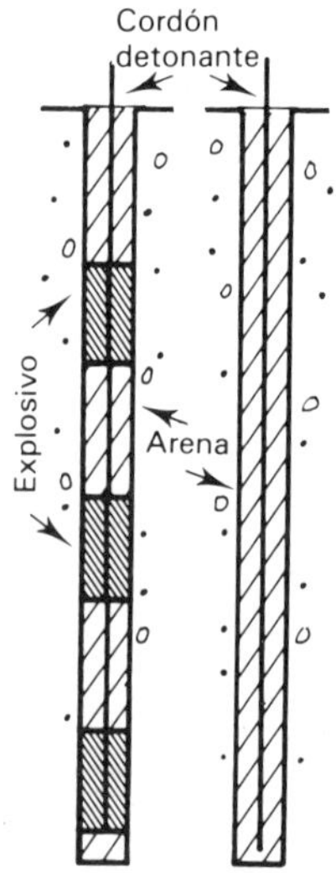

Fig. 43. Carga de barrenos de precorte.

USO DE EXPLOSIVO EN NÚCLEOS URBANOS

Hoy en día cada vez es más frecuente la utilización de explosivos en núcleos urbanos en trabajo de: zanjas (conducciones de agua, gas, etc.), excavación de solares, trazado de nuevas calles, desmontes, demolición de edificios, etc.

En estas ocasiones, además de las precauciones generales a adoptar en todo manejo de explosivos, debemos tener en cuenta las siguientes peculiaridades.

Vibraciones del terreno

Para mantener la velocidad de vibración dentro de los límites admisibles, se dosificará cuidadosamente la carga operante.

En caso necesario y previamente a las voladuras, se efectúan precortes o zanjas que amortigüen los efectos de la onda sísmica.

En ocasiones y pese al costo y lentitud que ello representa, es imprescindible preparar con trabajos de excavación auxiliares el terreno a volar mediante métodos mecánicos convencionales (martillos rompedores o demoledores *pica-pica).*

Proyecciones

En muchas ocasiones, en los trabajos de excavación de solar, es suficiente con esponjar el terreno con los explosivos para que posteriormente puedan trabajar las palas excavadoras, lo que nos permite disminuir considerablemente la carga de explosivo y eliminar las proyecciones.

Para mayor seguridad, se cubrirá la zona a volar con tela metálica de malla adecuada y sobre ésta se colocarán neumáticos usados, encordados entre sí.

También da buen resultado colocar sobre la tela metálica tablones, ramaje y paquetes de sacos de yute usados.

Onda acústica

Para disminuir los efectos de la onda acústica (ruido) es conveniente disponer el explosivo bien confinado y atacado suficientemente y eliminar al máximo el cordón detonante y detonadores en la superficie.

Es aconsejable el fraccionar la pega mediante la utilización del mayor número posible de detonadores de microrretardo y disminuyendo al máximo la carga operante.

El cordón detonante y los detonadores que inevitablemente queden en la superficie se cubrirán con una capa de tierra o arena limpia y fina.

No se debe disparar la pega a horas nocturnas, al objeto de evitar alarmas infundadas.

Alarmas en vecindario

Generalmente, la sola mención del uso de explosivos, provoca rechazo y temor entre los profanos en la materia. Para evitar esta situación, se tomarán las siguientes precauciones:

- Vallar el lugar de trabajo, impidiendo el acceso a curiosos y personal ajeno a las voladuras.
- Reducir éstas al menor número posible, procurando dispararlas a horas en que pasen más inadvertidas.

Otras precauciones

En todos los casos se tomarán las siguientes medidas:

- Notificación previa al Ayuntamiento para que tome las medidas oportunas (corte de tráfico, vigilancia de accesos, notificación al vecindario, etc.).
- Igualmente se avisará con la debida antelación a las compañías de servicios públicos (gas, agua, luz, teléfono...) que puedan ser afectadas en sus instalaciones, al objeto de que procedan a los pertinentes cortes en el suministro y adopten las precauciones que estimen oportunas.
- Se dispondrá en todos los casos de una Póliza de Seguros de Responsabilidad Civil, de suficiente cobertura, que cubra todos los daños que por circunstancias imprevistas pudieran ocasionar las voladuras.

Precauciones en las pegas eléctricas

Dada la complejidad y elevado número de posibles causas de corrientes extrañas (tendidos eléctricos de alta y baja tensión, antenas, emisoras, radiofrecuencia, etc.) se utilizará en esos casos para la pega eléctrica detonadores de alta insensibilidad (AI) y se extremarán al máximo las precauciones en aislamientos, cortocircuitos y demás medidas de seguridad, reseñadas con anterioridad y referentes al uso de la pega eléctrica.

DEMOLICIONES

En determinadas ocasiones existe la necesidad de demoler edificios antiguos, puentes, chimeneas de fábricas y otras estructuras en las que utilizando métodos convencionales de derribo, serían trabajos de larga duración, peligrosos y de costo elevado, y que pueden ejecutarse rápida y eficazmente, utilizando explosivos con la técnica adecuada.

Por la complejidad del tema y especiales estudios técnicos a aplicar en cada caso, no profundizaremos en la forma y métodos de aplicación, que debe encomendarse a técnicos en explosivos especializados en la materia.

Como normas fundamentales en los trabajos de demolición observaremos las siguientes:

- Estudio y conocimiento profundo de la estructura a demoler, con todos los datos y características reales de su construcción (materiales, tipos de vigas y pilares, características del hormigonado, punto de carga, etc.), al objeto de situar el explosivo en los lugares adecuados con las cargas necesarias.
- Análisis y programación del sentido de caída, según se desee un desplome vertical o dirigido hacia una dirección determinada, motivada por la existencia de edificaciones o superficies libres contiguas.

Para ello se dispondrán los barrenos de salida y de posterior secuencia de rotura y desplome en la forma adecuada, ya que en todo momento el derribo, en todas sus fases, debe estar controlado y dirigido.

Al ser voladuras de gran espectacularidad y evidente impacto social, tienen que ser dirigidas, como ya hemos indicado, por personal técnico altamente calificado y de reconocida experiencia en este tipo de voladuras.

Lám. 1. Equipo de perforación.

Lám. 2. Equipo de perforación.

Lám. 3. Banco perforado y dispuesto para la carga de explosivo.

Lám. 4. Detonadores eléctricos.

Lám. 5. Caja de explosivos.

Lám. 6. Goma 2EC en cartuchos de grueso calibre para carga de fondo.

Lám. 7. Nagolita a granel para carga de columna.

Lám. 8. Cordón detonante de 12 g/m.

Lám. 9. Explosor y óhmetro.

Lám. 10. Explosivo preparado para la carga.

Lám. 11. Barreno de 85 mm de diámetro.

Lám. 12. Cartucho de goma y cordón detonante.

Lám. 13. Cargando cartuchos de goma.

Lám. 14. Carga de nagolita a granel.

Lám. 15. Operación de atacado.

Lám. 16. Empalme de detonador eléctrico a cordón detonante.

Lám. 17. Voladura cargada.

Lám. 18. Conexión de línea de tiro al explosor.

Lám. 19. Disparo con explosor.

Lám. 20. Fase de la voladura del banco.

Lám. 21. Fase de la voladura del banco.

Lám. 22. Fase de la voladura del banco.

Capítulo 26

CUESTIONARIO PARA EL EXAMEN DE ARTILLERO

A continuación exponemos una serie de preguntas, seguidas de la respuesta adecuada, sobre las que se basan generalmente los exámenes que deben superar los aspirantes al certificado de aptitud para el uso y manejo de explosivos (Cartilla de Artillero).

Están divididas en los siguientes grupos:

- Temas generales.
- Pegas con mechas.
- Pegas eléctricas.
- Pegas en interior.
- Pegas en minas con atmósfera inflamable.
- Pegas submarinas.

Lógicamente, en cada organismo examinador sufrirán algunas variaciones. No obstante, creemos que su respuesta adecuada, junto con el conocimiento del presente Manual, es más que suficiente para superar las distintas preguntas que se puedan formular.

CUESTIONARIO DE PREGUNTAS

Temas generales

1. *¿Quién puede usar y manejar explosivos?*

   Sólo el artillero debidamente autorizado.

2. *¿Cuánto tiempo dura la validez de la cartilla de artillero?*

   Cinco años.

3. *¿Pueden almacenarse juntos explosivos y detonadores?*

   No.

4. *¿Se pueden transportar explosivos en un vehículo de gasolina?*

   No.

5. *¿Se pueden transportar en el mismo vehículo explosivos y detonadores?*

   No.

6. *¿Se puede utilizar explosivo que esté en mal estado o inutilizado?*

   No.

7. *¿Cómo se nota que el explosivo está helado?*

   Porque tiene manchas y gotas aceitosas *(suda).*

8. *¿Se puede fumar o encender alguna llama cuando se manejan explosivos?*

   No.

9. *¿Se puede manipular el explosivo con violencia?*

   No.

10. *¿Pueden explotar los detonadores con un pequeño golpe?*

    Sí.

11. *¿Se puede inutilizar el explosivo sobrante o en mal estado?*

    Sí, con las debidas precauciones.

12. *¿Se puede quitar la envoltura a los cartuchos?*

    En algunos casos, con autorización de los Servicios de Minas.

13. *¿Se pueden cortar los cartuchos?*

    En casos especiales, con la debida autorización de los Servicios de Minas.

14. *¿Se puede cargar explosivo y perforar al mismo tiempo?*

    No.

15. *¿Se puede utilizar* NAGOLITA *en barrenos con agua?*

    No.

16. *¿Qué explosivo tiene más potencia?*

    La goma.

17. *¿Se pueden aprovechar para cargar explosivo* culos *de barrenos de otras pegas?*

    No.

18. *¿Se puede cargar la pega y esperar un rato para darle fuego?*

    No.

19. *¿Se puede disparar en cualquier momento?*

    No. Hay que cerciorarse de que los accesos están cerrados, que no hay nadie en las cercanías y dar los toques y avisos necesarios antes de disparar.

20. *¿Se puede atacar con grava o tierra con piedras?*

    No.

21. *¿Se pueden utilizar atacadores metálicos?*

    No.

22. *¿Se puede dejar sin disparar de un día para otro un barreno cargado?*

    No.

23. *¿Pueden dejarse zonas próximas y accesos sin vigilancia antes de dar fuego?*

    No.

24. *En los polvorines auxiliares* (MINIPOLV) *¿se pueden almacenar juntos explosivo y detonadores?*

    No.

25. *¿El cordón detonante qué es?*

    Un explosivo de alta potencia en forma de cordón.

26. *¿Se puede cargar Nagolita, sin cordón detonante, en barrenos de un diámetro inferior a 45 mm?*

    No.

27. *¿Qué se hace cuando falla un barreno?*

    Dejarlo señalado con una varilla de madera y avisar al responsable, dejando controlados los accesos.

28. *¿Se puede descargar un barreno fallido?*

    Sí, en casos excepcionales y con autorización y presencia del Director Facultativo.

29. *¿Qué se hace para hacer detonar un barreno fallido?*

Perforar y cargar otro barreno paralelo, con mucha precaución, a una distancia superior a diez veces el diámetro de perforación y dejar el fallido sin tocar.

30. *¿Qué es un cartucho cebo?*

El cartucho en el que se introduce el detonador para que inicie la explosión.

31. *¿Cómo se guardan los detonadores y el explosivo en el frente?*

En cofres de madera independientes, separados diez metros entre sí.

32. *¿Cuánto tiempo hay que esperar para retornar al frente después de la pega?*

Cuando se hayan disipado los gases y terminado el desprendimiento de piedras, pero nunca antes de diez minutos.

33. *¿Se pueden colocar varios cartuchos-cebo en un mismo barreno?*

No.

34. *Hay cordón detonante de distinto color ¿por qué?*

Porque cada color nos indica la potencia en explosivo del cordón.

35. *¿Se puede transportar explosivo en cualquier vehículo?*

No, deben ser vehículos autorizados por el Servicio de Minas.

36. *¿Antes de introducir el explosivo hay que limpiar bien el barreno?*

Sí.

37. *Cuando hay* coqueras *en el barreno ¿puede cargarse con explosivo a granel?*

No.

38. *¿Cuándo se prepara el cartucho cebo?*

Inmediatamente antes de la carga.

39. *Cuando se utiliza cordón detonante ¿dónde se pone el detonador?*

Al principio, en el exterior del barreno, con el fondo del detonador dirigido en el sentido de la carga.

40. *¿Cuánto hay que dejar de retacado en los barrenos?*

Una longitud igual a la distancia a la cara libre y nunca inferior a 20 cm.

41. *Cuando hay un barreno fallido en un bloque desprendido ¿qué es lo que se debe hacer?*

Colocar un *parche* adosado y dispararlo para trocearlo.

42. *¿Qué ocurre si conectamos varios barrenos entre sí con cordón detonante y un solo detonador?*

Que explotan todos a la vez como si fuera una carga única.

43. *Antes de disparar ¿qué debe hacer el artillero?*

Asegurarse de que los accesos están vigilados, el personal está debidamente resguardado y refugiarse, siendo el último en abandonar las labores y dar las señales de aviso.

44. *¿Quién es el encargado de transportar el explosivo a los lugares en que haya de ser utilizado?*

El artillero debidamente autorizado.

45. *¿Quién prepara el cartucho-cebo?*

El artillero.

46. *¿Quién carga los barrenos y da la pega?*

El artillero.

47. *¿Qué son las Disposiciones Internas de Seguridad?*

Unas normas escritas de las empresas, aprobadas por los Servicios de Minas y que deben de conocer los artilleros, que complementan las disposiciones oficiales sobre uso y manejo de explosivos.

48. *¿Qué cantidad máxima de explosivo se puede almacenar en un depósito auxiliar de distribución (MINIPOLV)?*

50 kilogramos

49. *¿O cuántos detonadores?*

500 unidades.

Pegas con mecha

1. *¿A qué velocidad arde un metro de mecha?*

A 110 segundos.

2. *¿Cuántos barrenos a la vez se pueden disparar con mecha?*

   6.

3. *¿Cómo se sujeta la mecha al detonador?*

   Con unas tenacillas especiales.

4. *¿Cuál ha de ser la longitud de la mecha más corta?*

   Metro y medio, a partir de la boca del barreno.

5. *¿Deben cortarse las mechas de igual longitud?*

   No, deben diferenciarse en 30 cm para distanciar las explosiones.

6. *Cuando falla un barreno o hay dudas de que hayan salido todos ¿qué tiempo hay que esperar para volver al frente?*

   Media hora, por lo menos.

7. *¿Qué es una mecha testigo?*

   Una que es la mitad de la más corta de la pega y que tenemos encendida a la vista, indicándonos el tiempo de que disponemos.

8. *El corte de la mecha que se introduce en el detonador ¿cómo debe ser?*

   Limpio y perpendicular.

9. *Cuando vemos que un detonador está sucio u oxidado ¿qué debemos hacer?*

   Desecharlo y destruirlo.

10. *¿Se puede girar la mecha al introducirla dentro del detonador?*

    No.

11. *¿Cómo se introduce el conjunto detonador-mecha en el cartucho?*

    Introduciéndolo con cuidado mediante un punzón especial (mango de la tenacilla) y sujetándolo con una cuerda adecuada.

12. *¿A qué se llama* correrse *la mecha?*

    La que arde más deprisa de lo normal por estar defectuosa.

13. *Utilizando mecha, ¿dónde se debe de situar en el barreno al cartucho cebo?*

    En la parte más exterior y con el detonador dirigido hacia el resto de la carga.

Pegas eléctricas

1. *¿Cómo deben conectarse los detonadores?*

   En serie.

2. *¿Se pueden emplear juntos detonadores normales con los de alta insensibilidad?*

   No.

3. *¿Puede dispararse la pega con la batería de un coche?*

   No.

4. *¿Qué es un ohmio?*

   Una unidad de medida de la resistencia eléctrica.

5. *¿Puede utilizarse un explosor con capacidad para 50 detonadores en una pega de 100 detonadores?*

   No.

6. *¿Se pueden utilizar explosores no homologados?*

   No.

7. *¿Cómo sabemos si el explosor está en buenas condiciones?*

   Verificándolo con el correspondiente comprobador, antes de la pega.

8. *¿Qué resistencia aproximada tiene un detonador normal?*

   1,5 ohmios.

9. *¿Por qué los cables de los detonadores son de distintos colores?*

   Para indicarnos las características del detonador.

10. *En la línea de tiro ¿cómo deben ser los cables conductores?*

    Unifilares.

11. *Utilizando detonadores eléctricos ¿el artillero puede usar botas de goma?*

    No.

12. *¿Cuál es la correcta posición del cartucho cebo en el barreno, en la pega eléctrica?*

    En uno de los dos extremos, con el detonador dirigido hacia la carga.

13. *¿Qué resistencia eléctrica tendrá, aproximadamente, un circuito de 20 detonadores eléctricos y 300 m de línea en total?*

    62 ohmios.

14. *¿Cómo se comprueba la resistencia del circuito eléctrico?*

    Con un óhmetro adecuado y homologado.

15. *¿Para qué sirven los detonadores de retardo y de microrretardo?*

    Para que salgan los barrenos separados en el tiempo y mejorar los resultados de la pega.

16. *¿Qué hay que hacer si el óhmetro señala un fallo en el circuito?*

    Dividir el circuito en varios, con un mínimo de tres detonadores y comprobarlos desde el mismo lugar donde se vaya a dar fuego.

17. *¿Se pueden conectar los detonadores y la línea si se aprecia riesgo de tormenta?*

    No.

18. *¿Por qué se necesita un estudio técnico y precauciones especiales para utilizar pega eléctrica cerca de líneas eléctricas, antenas y emisoras de radio?*

    Porque el campo electromagnético producido podría producir la explosión incontrolada.

19. *¿Dónde debe estar la llave del explosor?*

    Siempre en el bolsillo del artillero.

20. *¿Cómo debe estar el circuito eléctrico hasta el momento en que se vaya a disparar?*

    En cortocircuito.

21. *¿Se puede tomar la corriente de encendido de la red de alumbrado?*

    No, salvo autorización del Servicio de Minas.

22. *Antes de su conexión en la pega, ¿cómo deben estar los cables de los detonadores?*

    En cortocircuito.

23. *¿Es peligrosa la electricidad estática que se puede acumular en los vehículos o en las ropas?*

    Sí, porque puede hacer explotar el detonador.

24. *¿Cómo se elimina la electricidad estática?*

    Descargándola a tierra, antes de tocar los detonadores.

25. *¿Se pueden utilizar detonadores eléctricos normales en las proximidades de líneas de energía o de equipos radio transmisores?*

    No. Tienen que ser detonadores de alta insensibilidad.

26. *¿Se pueden hacer detonar los detonadores de alta insensibilidad con un explosor normal?*

    No. Hace falta un explosor adecuado.

27. *¿Se pueden utilizar en el mismo circuito detonadores de distintos fabricantes y características eléctricas?*

    No.

28. *¿Cómo deben estar los empalmes de detonadores y línea?*

    Con buena conexión y cubiertos de cinta aislante, evitando su contacto con el suelo, tubos, etc.

29. *¿Dónde se revisan y reparan los explosores y comprobadores de línea?*

    Sólo en talleres especializados o en la casa suministradora.

Pegas en interior

1. *¿Se pueden almacenar juntos, en el polvorín, explosivos y detonadores?*

    No. Se almacenarán en nichos distintos.

2. *¿Cuántos detonadores podrá haber en el polvorín por cada kilogramo de explosivo?*

    10.

3. *El encargado del polvorín ¿a quién entregará explosivo?*

   Únicamente a personas autorizadas y mediante recibo.

4. *¿Cuándo hay que hacer el reparto del explosivo?*

   A horas fijas y de menor tránsito.

5. *¿Cómo se almacenará el explosivo en los tajos?*

   En cofres o arcas cerrados, independientes para detonadores y explosivo, separados al menos 10 m entre sí.

6. *¿Pueden guardarse herramientas con el explosivo?*

   No.

7. *¿Cuánto tiempo hay que esperar para retornar al frente después de la pega?*

   Cuando se hayan disipado los gases, pero nunca antes de quince minutos.

8. *¿A qué distancia, en la pega eléctrica, de otro cable eléctrico se debe colocar la línea de tiro en una galería?*

   A 30 cm o más, por debajo.

9. *¿Debe cortarse la corriente en las proximidades de la línea de tiro y de la pega, antes de colocar los detonadores eléctricos?*

   Sí.

10. *¿Qué puede ocurrir si hacen contacto los empalmes de la línea de tiro y detonadores con objetos metálicos o entre sí?*

    Que puede explotar la pega antes de tiempo o no explotar en su momento.

11. *¿A qué hora se dará la pega?*

    A horas preestablecidas, salvo autorización del Servicio de Minas.

12. *¿Puede transportarse explosivo y accesorios, coincidiendo con la entrada y salida de los relevos?*

    No.

13. *Las personas encargadas de la distribución, ¿pueden llevar juntos explosivo y detonadores?*

    No.

14. *¿Cuál es la cantidad máxima de explosivo que pueden transportar?*

    25 kilogramos.

15. *¿Se pueden recargar fondos de barrenos?*

    No.

16. *¿Se pueden reprofundizar los barrenos fallidos?*

    No.

17. *¿Se pueden aprovechar fondos de barrenos para continuar la perforación?*

    No.

18. *En labores en fondo de saco, ¿qué tiempo hay que esperar para volver al frente, después de la pega?*

    Después de 15 minutos, como mínimo.

Pegas en minas con atmósfera inflamable

1. *¿Se pueden dar pegas con mecha?*

   No

2. *¿Se pueden utilizar detonadores con cápsula de aluminio?*

   No.

3. *¿Qué hay que hacer antes de la carga de los barrenos?*

   Comprobar que el grisú, si lo hay, está dentro de los límites permitidos.

4. *¿Cómo tiene que ser el explosivo a utilizar?*

   De seguridad.

5. *¿Se puede depositar en un mismo cofre o arca explosivo de diferentes tipos?*

   No.

6. *¿Se puede retacar con papel o carbón?*

   No.

7. *Si como consecuencia de la pega ha quedado interrumpida la ventilación, ¿cuánto hay que esperar antes de volver al frente?*

   Quince minutos, después de que se haya reanudado la ventilación.

8. *¿Cómo deben ser los explosores y aparatos de comprobación?*

   Homologados para su uso en ambientes explosivos.

9. *¿Se puede utilizar explosivo de seguridad del tipo IV que lleve encartuchado más de seis meses?*

   No.

10. *¿Y el de tipo II y III que lleve encartuchado más de un año?*

    No.

11. *¿Dónde se coloca el cartucho cebo en el barreno?*

    Siempre en el fondo de la carga, con el detonador dirigido hacia la boca del barreno.

12. *¿Cuál debe ser la longitud del retacado?*

    Por lo menos, un tercio de la longitud total del barreno, sin necesidad de pasar de 40 cm.

13. *¿Se puede cargar y disparar cuando la lámpara de gasolina detecta grisú?*

    No.

14. *Si medimos con un detector de grisú, ¿cuál es la cantidad detectada a partir de la cual no podemos disparar?*

    1 por 100.

15. *¿Se puede utilizar cordón detonante normal en minas con grisú?*

    No.

16. *Para trocear bloques, ¿se pueden disparar* parches?

    No.

17. *En la pega, ¿qué cantidad de explosivo puede cargarse por barreno?*

    La que haya indicado la Dirección Técnica.

18. *En la galería ¿por dónde debe ir la línea de tiro?*

    Lo más baja posible, porque el grisú se acumula en la parte superior.

19. *¿Cómo deben estar las conexiones de la línea de tiro?*

    Perfectamente aisladas, para que no haya ningún trozo de cable desnudo.

Pegas submarinas

1. *Cuando se trabaja desde pontón o plataforma ¿se puede perforar y cargar explosivo simultáneamente?*

   Sí, siempre que los barrenos estén entubados hasta el pontón.

2. *¿Cómo debe ser el cebado de los barrenos?*

   Siempre exterior al barreno.

3. *Mientras se perfora y carga explosivo ¿puede haber detonadores en el pontón?*

   No.

4. *¿Cuándo se colocan los detonadores?*

   Después de la carga de la totalidad del explosivo utilizado en la pega y siempre después de retirar la maquinaria y el pontón del lugar de trabajo.

5. *¿Hay que balizar la zona de trabajo?*

   Sí, en todo el perímetro en una distancia mínima de 50 metros, se colocarán boyas con señales de advertencia.

6. *¿Puede haber embarcaciones o bañistas en las inmediaciones?*

   No, antes de disparar se comprobará que la zona está despejada, asegurándose que no existe riesgo alguno a causa de las ondas de presión generadas en el agua.

7. *¿Puede utilizarse cualquier tipo de explosivo?*

   No, tanto el explosivo, como el cordón detonante y los detonadores serán de tipo especial para voladuras bajo agua y grandes presiones.

8. *¿Qué hay que hacer inmediatamente después de la voladura?*

   Tan pronto como la visibilidad lo permita, inspeccionar el fondo volado al objeto de detectar y recuperar los posibles restos de explosivo en barrenos fallidos.

Capítulo 27

ANEXOS Y TABLAS

EXPLOSIVOS AUTORIZADOS EN ESPAÑA

1. Explosivos iniciadores

Detonador de mecha n.º 6
Detonador de mecha n.º 8
Relé cordón detonante 20 m/s
Detonador eléctrico tipo S de cápsula de aluminio
Detonador eléctrico tipo S de cápsula de cobre
Detonador eléctrico tipo I de cápsula de aluminio
Detonador eléctrico tipo I de cápsula de cobre
Detonador eléctrico tipo AI de cápsula de aluminio
Detonador eléctrico tipo AI de cápsula de cobre
Multiplicadores de hexolita de 250 g
Multiplicadores de hexolita de 500 g
Cordón detonante de 1,5 g/m de pentrita
Cordón detonante de 3 g/m de pentrita
Cordón detonante de 6 g/m de pentrita
Cordón detonante de 12 g/m de pentrita
Cordón detonante de 20 g/m de pentrita
Cordón detonante de 40 g/m de pentrita
Cordón detonante submarino de pentrita
Cordón detonante submarino reforzado
Mecha lenta, recubierta de PVC
Mecha lenta, recubierta de brea y asfalto

2. Explosivos rompedores

Primer grupo: Explosivos uso limitado tipo I

Riogel 2	Dinamita 3 A
Alnafo	Goma pura

Naurita
Hidralex 3
Nagolita
Hidralex 21
Goma 1 E - AGV
Goma 2 EC
Goma 2 R
Amonita 2 I
Hidromita 100
Riogel I
Goma 2 BD
Goma I ED
Riogel O
Ligamita I
Chedita 4
Sabulita OI
Goma I Especial A
Geofex I
Geofex 3
Goma 2 ED
Riogel VF
Riomex I
Riomex 2
Riomex VF
Alnafo 13

Segundo grupo: Explosivos de seguridad tipo II

Explosivo seguridad 9
Explosivo seguridad 9 bis
Explosivo seguridad 12

Tercer grupo: Explosivos de seguridad tipo III

Explosivo seguridad 20 SR
Explosivo seguridad 18 SR

Cuarto grupo: Explosivos de seguridad tipo IV

Explosivo seguridad 30 SR

3. Explosivos propulsores

Pólvora negra de mina n.º 1
Pólvora negra de mina n.º 2

Los fabricantes de explosivo disponen de un departamento técnico, que asesora sobre el tipo de explosivo más adecuado en cada trabajo y condiciones determinadas.

EXPLOSIVOS DE SEGURIDAD PARA MINAS DE CARBÓN

Explosivos de seguridad tipo II

Nombre comercial	Potencia relativa	Velocidad de detonación	Aplicaciones
Expl. seg. 9	45	4500	Voladuras en capas de carbón y en rocas duras. Se puede emplear en barrenos con agua.
Expl. seg. 12	55	2500	Voladuras en rocas blandas y en carbón.

Explosivos de seguridad tipo III

Nombre comercial	Potencia relativa	Velocidad de detonación	Aplicaciones
Expl. seg. 20 SR	40	2500	Fundamentalmente para voladuras en carbón.

Explosivos de seguridad tipo IV

Nombre comercial	Potencia relativa	Velocidad de detonación	Aplicaciones
Expl. seg. 30 SR	37	2000	Para voladuras de rocas blandas.

CUADRO DE CARACTERÍSTICAS DE EXPLOSIVOS NORMALMENTE UTILIZADOS EN ESPAÑA (Explosivos Río Tinto, S.A.)

Explosivos gelatinosos (Gomas)

Nombre comercial	Potencia relativa	Velocidad de detonación	Aplicaciones
Goma 1 ED	90	6000	Voladuras de rocas muy duras.
Goma 2 EC	85	5200	Voladuras de rocas duras y semiduras. Carga de fondo en los barrenos a cielo abierto.
Goma 1 E - AGV	80	7000	Trabajos con grandes presiones de agua. Prospecciones sísmicas.
Goma 2 BD	80	5200	Voladuras suaves, cueles con poca carga, precortes y recortes.

Explosivos pulverulentos

Nombre comercial	Potencia relativa	Velocidad de detonación	Aplicaciones
Amonita 2 I	70	3000	Voladuras de rocas semiduras y blandas.
Ligamita 1	77	3300	Voladura de rocas semiduras y blandas.

Anfos

Nombre comercial	Potencia relativa	Velocidad de detonación	Aplicaciones
Nagolita	65	2000	Voladura de rocas blandas y como carga de columna de los barrenos.
Alnafo	75	3000	Voladura de rocas blandas y semiduras.
Naurita	65	2000	Para barrenos con temperaturas muy elevadas.

Hidrogeles

Nombre comercial	Potencia relativa	Velocidad de detonación	Aplicaciones
Riogel 0	75	3500	Voladura de rocas blancas o como carga de columna en voladuras a cielo abierto.
Riogel 1	80	4300	Voladura de rocas semiduras como carga de fondo. Trabajos en túneles.
Riogel 2	85	4500	Voladura de rocas duras como carga de fondo. Trabajos en túneles.

CARACTERÍSTICAS ELÉCTRICAS DE LOS DETONADORES

	Tipos de detonador		
	S	I	AI
Resistencia del puente en ohmios	1,2-1,6	0,4-0,5	0,003-0,05
Impulsos de encendido mW. seg/ohmio	0,8-3	8-16	1100-2500
Corriente de seguridad. Amperios	0,18	0,45	4
Corriente de encendido en series recomendada. Amperios	1,2	2,5	25

CARACTERÍSTICAS DE LOS CABLES DE LÍNEAS DE PEGA

			Resistencia por 100 m Ohmios	
Tipo de hilo	Diámetro	Longitud de carrete	Hilos cobre	Hilos aluminio
Sencillo	0,45	350	11	49
Sencillo	0,60	200	6,2	34
Sencillo	0,80	50	3,4	19
Doble	0,60	100	6,2	34

DISTANCIAS A EMISORAS DE RADIOFRECUENCIA EN LAS QUE NO SE PUEDE DISPARAR PEGA ELÉCTRICA, SALVO AUTORIZACIÓN DE LA AUTORIDAD DE MINAS

Potencia emisora	Distancia en metros
Hasta 25 W	50
De 25 W a 100 W	75
De 100 W a 500 W	150
De 500 W a 1 KW	400
De 1 KW a 5 KW	500
De 5 KW a 10 KW	750
De 10 KW a 25 KW	1200
De 25 KW a 50 KW	1700
De 50 KW a 100 KW	2350
De 100 KW a 500 KW	5000
De 500 KW a 1000 KW	7500

DISTANCIAS DE SEGURIDAD A GUARDAR EN EL CASO DE UTILIZACIÓN DE RADIOTELÉFONOS PORTÁTILES (EN PEGA ELÉCTRICA)

Potencia emisora (W)	Distancia en metros
Hasta 10	2
De 10 a 30	3,5
De 30 a 60	5
De 60 a 250	10

Las antenas de radioteléfonos o de los vehículos dotados de emisoras deben recubrirse con una funda de plástico.

DISTANCIAS A LÍNEAS ELÉCTRICAS EN LAS QUE NO SE PUEDE DISPARAR PEGA ELÉCTRICA, SALVO AUTORIZACIÓN DE LA AUTORIDAD DE MINAS

Tensión de la línea en voltios	Distancia en metros
Hasta 1000	10
De 1000 a 6000	20
De 6000 a 11 000	50
De 11 000 a 60 000	100
Más de 60 000	200
Líneas de ferrocarril electrificadas a cualquier tensión	300

TERMINOLOGÍA EN USO DE EXPLOSIVOS

Altura de banco. Diferencia de cota entre un banco y el inmediato. Altura del frente de una cantera.

Amonales. Mezclas explosivas con más del 50 % de nitrato amónico sin nitroglicerina, en combinación con aluminio.

Anfo. Mezcla explosiva de nitrato amónico y fuel-oil.

Ángulo de inclinación. El formado por la dirección de un barreno y la vertical.

Aptitud a la propagación. Facilidad de un explosivo de transmitir la detonación de un cartucho a otro.

Arroz. Denominación vulgar de la Nagolita a granel.

Artificiero. Denominación militar del artillero de explosivos.

Atacador. Varilla de madera que se utiliza para introducir el explosivo en el barreno.

Atacar. Apretar el explosivo con el atacador para que estén los cartuchos en perfecto contacto. Introducir materia inerte (arena, arcilla) en la parte superior del barreno para impedir que la energía del explosivo se pierda por la boca.

Avance por voladura. Distancia que se ha progresado en un túnel o galería al terminar un ciclo completo de trabajo.

Banco. Frente de una explotación a cielo abierto. Labor de preparación en forma de escalón, que se perfora y explota en sentido vertical descendente.

Barreno. Taladro perforado en la roca para ser relleno de explosivo y explosionado posteriormente.

Barreno de cuele. El que se practica para dar salida a la voladura.

Bloque. Fragmento de roca volada de grandes dimensiones. También se denomina *bolo*.

Boca. Abertura del barreno. Diámetro del mismo.

Bocazo (dar). Acción del explosivo que, por defecto en el atacado, pierde su energía por la boca del barreno, en un efecto similar a un tiro de escopeta.

Bolo. Bloque.

Cantera. Lugar donde se realiza la excavación de la roca a cielo abierto, mediante la perforación de barrenos y voladuras con explosivo.

Caña. Hueco del barreno.
Cápsula. Casquillo metálico de cobre o aluminio en cuyo interior figuran todos los elementos que forman un detonador.
Carga de columna. Carga de explosivo que se distribuye a lo largo del barreno encima de la carga de fondo.
Carga espaciada. Cuando en un barreno no es necesario una gran concentración de explosivo, éste se separa a lo largo de la caña mediante unos artificios llamados separadores.
Carga específica. Cantidad de explosivo por metro cúbico de roca a volar.
Carga de fondo. Carga concentrada de explosivo, normalmente de alta potencia, que se sitúa en el fondo del barreno para conseguir un buen efecto de rotura.
Carga operante. La carga de explosivo que explosiona simultáneamente.
Carga primaria. Explosivo que actúa inicialmente.
Carga secundaria. La que actúa inmediatamente después que la primaria.
Carga total. Suma del explosivo de una voladura.
Carne. Distancia entre la cara libre del frente a la línea de barrenos más próxima. También se denomina piedra o línea de menor resistencia.
Cartucho cebo. Cartucho de explosivo donde se aloja el detonador y que inicia la explosión transmitiéndola al resto de la carga explosiva del barreno.
Cartucho explosivo. Paquete de explosivo de forma cilíndrica, de distintos diámetros y longitudes, recubierto de papel o plástico protector.
Cloratitas. Explosivos a base de cloratos o percloratos junto con sustancias combustibles.
Colgada (voladura). La que, por mala ejecución, deja la masa de roca abierta y fracturada, pero sin caer.
Colgado (liso). Bloque grande de piedra que por efecto de la voladura u otras causas, queda suspendido, con riesgo de desprendimiento súbito.
Comprobador de circuito. Instrumento que indica si el circuito de la línea de tiro está cerrado.
Coquera. Cavidad natural de la roca atravesada en la perforación de un barreno.
Cordón detonante. Constituido por un núcleo de explosivo de alta potencia (pentrita) rodeado y cubierto de varias capas de hilado y PVC. Hay quien lo denomina mecha detonante.
Corona. Barreno situado en la parte superior en los túneles y galerías.
Correrse (la mecha lenta). Cuando por defecto, arde a mayor velocidad de la debida.
Costero. En minería de interior, bloque de piedra, con riesgo de desprendimiento.

Cuadrícula. Conjunto de distancias mínimas de un barreno al frente libre y al barreno contiguo. También se llama malla.

Cucharilla. Varilla metálica, aplanada y curvada por un extremo que se utiliza para limpiar los barrenos antes de cargar el explosivo.

Cuele. Conjunto de barrenos que se disparan en primer lugar y que tienen como objeto facilitar el trabajo de los siguientes, dándoles fácil salida.

Culo (de barreno). Parte final del hueco de un barreno. Parte del barreno en la que no ha actuado el explosivo por no tener suficiente salida.

Chulana. Barreno perforado ascendente en la zona central de un frente en túneles y galerías.

Dar fuego. Acto de disparar la pega o voladura.

Deflagración. Combustión de una sustancia con gran desprendimiento de gases, sin llegar a originar una explosión.

Destroza (barrenos de). Conjunto de barrenos que salen inmediatamente después de los de franqueo, con los que se consigue arrancar la mayor parte de la pega.

Detonador. Cápsula metálica de cobre o aluminio cargada de explosivo de alta potencia y que se emplea para provocar la detonación de los explosivos de la carga general.

Detonador AI. Detonador de alta insensibilidad que necesita para su ignición un impulso de encendido unas mil veces superior a los de sensibilidad normal. Se utiliza cuando hay riesgos de corrientes extrañas.

Detonador antigrisú. Especialmente diseñado para trabajos en minas grisuosas. Tiene la cápsula de cobre.

Detonador eléctrico. Artificio explosivo compuesto por una cápsula metálica, en cuyo interior lleva un explosivo secundario, un explosivo iniciador y un inflamador eléctrico.

Detonador eléctrico instantáneo. La explosión del detonador coincide con la iniciación eléctrica del inflamador.

Detonador eléctrico de microrretardo. Hace explosión con una determinada secuencia (a intervalos de 30 y 20 milisegundos) conseguida por un elemento de retardo interpuesto entre la píldora de ignición y la carga primaria.

Detonador eléctrico de retardo. El elemento de retardo tiene menor velocidad (medio segundo).

Detonador ordinario. También llamado de mecha. Constituido por un casquillo metálico, que contiene una carga primaria y una secundaria. Se inician por medio de mecha lenta.

Dinamita. Explosivo formado por nitroglicerina, nitrato sódico y un combustible carbonoso. Por extensión, se denomina así a todos los explosivos de utilización industrial.

Disparo. Acto de disparar la pega o voladura. Es lo mismo que dar fuego.

Dormirse (la mecha). Cuando, por defecto, arde a velocidad menor de la normal.

Elemento de retardo. Artificio constituido por una composición especial, que arde a velocidad uniforme, en el interior de un detonador.

Esponjar. Romper la roca, sin proyectarla, al objeto de facilitar su arranque con palas excavadoras.

Esquema de tiro. Es la disposición que se da a un conjunto de barrenos para conseguir un máximo de eficacia en la voladura.

Estrato. Masas paralelas, de distinto grosor, que constituyen los terrenos sedimentarios.

Excavación (con explosivos). Método de excavación fundamentado en la perforación de barrenos y su posterior voladura.

Explosión. Expansión de gran cantidad de gases, susceptibles de producir efectos dinámicos. Sinónimo de detonación.

Explosivo. Sustancia, simple o compuesta, que puede hacer explosión.

Explosivo base. Carga explosiva iniciada por simpatía al explotar la carga primaria.

Explosivo iniciador. Explota por el fuego de la píldora fulminante.

Explosor. Magneto productor de corriente inducida, capaz de hacer explotar las cápsulas detonadoras que inician una voladura. Pueden ser de condensadores o de dinamo.

Fallo (en la voladura). Cuando, por diversas causas, la voladura sale incompleta o defectuosa.

Fondo. Parte más profunda de un barreno.

Fondo de saco. Labor minera sin salida y por tanto sin ventilación natural o primaria.

Fragmentación. Tamaño de los trozos de roca o mineral arrancado por una voladura.

Franqueo (tiros de). Los que salen inmediatamente después de los del cuele.

Frente. Lugar donse se perforan los barrenos y se dispara la voladura en minas y canteras.

Fulminante. Mezcla explosiva que forma la carga en los detonadores. Por extensión, también se llama así a los detonadores.

Galería. Excavación horizontal en trabajos de interior.

Gelamonita. Mezclas plásticas de nitroglicerina con otras sustancias. Es sinónimo de goma.

Gelatinoso (explosivo). Explosivo de consistencia plástica formado por nitroglicerina, nitrocelulosa y nitrato amónico. Es sinónimo de goma.

Goma. Explosivo gelatinoso.

Hastial. Pared lateral de una galería, túnel o trinchera.
Hidrogel. Explosivo que contiene sustancias gelificantes que evitan la segregación del agua que contiene.
Hilera (de barrenos). Disposición de los barrenos, uno a continuación de otro, para dar una voladura.
Hornillo. Oquedad formada artificialmente en la roca al objeto de rellenarla de explosivo. Actualmente no se usa.
Humos. Conjunto de productos y gases resultantes de una explosión.

Ignición. Excitación de la carga explosiva.
Inclinación (ángulo). El que forma un barreno con el plano vertical.
Inflamador eléctrico. Constituye el sistema eléctrico de iniciación de un detonador. Está formado por dos electrodos unidos por un filamento, llamado puente, de cromo-níquel, rodeado de una píldora inflamable. Los terminales de los electrodos están conectados a los hilos de alimentación.
Intervalo. Diferencia de tiempo entre los retardos de los detonadores de número consecutivo.

Línea de menor resistencia. Distancia del barreno a la cara libre del frente. También se denomina *carne* y *piedra.*
Liso. Parte suelta de un estrato.

Madeja (de detonador). Hilos de alimentación eléctrica que lleva incorporados el detonador eléctrico.
Malla. Sinónimo de cuadrícula.
Mecha. Elemento que transmite el fuego a una velocidad uniforme hasta un detonador ordinario o hasta el explosivo (pólvora de mina).
Mecha detonante. Denominación impropia del cordón detonante.
Munición. Pólvora negra de minas.

Nafo. Explosivo compuesto de nitrato amónico y fuel-oil.
Nagolita. Explosivo compuesto de nitrato amónico y gasoil.
Nitramitas. Explosivo a base de nitrato amónico, sin nitroglicerina.

Óhmetro. Aparato medidor de la resistencia del circuito en la pega eléctrica.

Papillas. Explosivo a base de nitrato amónico, sin nitroglicerina.
Parche. Carga superficial, sin barreno, de explosivo que se adosa a un bloque de piedra para trocearlo.
Pega. Conjunto de barrenos que constituyen una unidad de disparo.
Pentrita. Explosivo de alta potencia que forma el ánima del cordón detonante.
Perforación. Acción y efecto de abrir un barreno.
Piedra. Distancia de un barreno a la cara libre del frente.

Píldora. Sustancia que se inflama al pasar por ella la corriente eléctrica.

Pólvora de mina. Mezcla de azufre, carbón vegetal y nitrato alcalino. Se diferencia de otro tipo de explosivos en que deflagra en lugar de detonar.

Potencia explosiva. Energía disponible para producir efectos mecánicos.

Proyección. Distancia a la que puede ser lanzada una roca por efecto de la voladura.

Puente. Filamento de acero al cromo-níquel, situado en los detonadores, que se pone incandescente al pasar por él la corriente eléctrica, produciendo la inflamación de la píldora.

Rastrera. Barreno que se da en la parte media inferior en túneles y galerías.

Recorte (barrenos de). Barrenos cuyo objeto es que el perfil de la roca volada sea lo más semejante posible al teórico proyectado.

Repié. Roca sin arrancar que queda en la parte inferior del frente después de una pega o voladura.

Retacado. Parte superior del barreno que se deja sin cargar y que se rellena de tierra, arena o arcilla compacta, al objeto de que el efecto de rotura del explosivo sea el máximo posible.

Retardo. Tiempo que transcurre entre la conexión de la corriente eléctrica al detonador y su explosión.

Sanear. Operación que se lleva a cabo después de la voladura, consistente en eliminar los trozos de roca que quedan colgados o sueltos en el frente.

Secuencia (de tiro). Orden de disparo de los barrenos en una voladura.

Simpatía. Capacidad que tiene un explosivo para estallar por la detonación de una carga vecina a él, pero no en contacto.

Sobreexcavación. Excavación que se realiza en demasía.

Talud. Ángulo que forma la línea de máxima pendiente del banco con la vertical.

Taqueo. Operación de disparar los barrenos que se perforan o parches en los bloques grandes producidos en una voladura al objeto de fragmentarlos.

Trilita. Explosivo formado por trinitrotolueno.

Troceo. Sinónimo de taqueo.

Velocidad (de detonación). Es la velocidad, expresada en metros por segundo, con que la onda de detonación recorre la masa del explosivo.

Voladura. Explosión de uno o varios barrenos con el fin de arrancar roca mineral.

Zapatera. Barreno casi horizontal que se perfora a ras del suelo.

BIBLIOGRAFÍA

BLANCO, A.: *Pirología.* Editorial Dossat, S.A.

COSTES, J.: *Equipos de extracción y de preparación de minerales.* Editorial Técnicos Asociados, S.A.

DÍAZ DEL RÍO, M.: *Maquinaria de construcción.* Ediciones Instituto Eduardo Torroja.

FRAENKEL, K. H.: *Manual of rock blasting.* Ediciones Atlas Copco Aktiebolag.

GASCUÑANA, C.: *Canteras a cielo abierto.* Editorial Dossat, S.A.

HEISE, F. y HERBST, F.: *Tratado de laboreo de minas.* Editorial Labor, S.A.

LANGEFORS, U. y KIHLSTRÖM, B.: *Voladura de rocas.* Editorial Urmo.

LLORENTE, E.: *Estudio de los explosivos industriales.* Editorial Interciencia.

SAMSÓ, E.: *Piedras, granitos y mármoles.* Ediciones Ceac, S.A.

VARIOS: *Diccionario terminológico de minas, canteras y metalurgia.* Rocas y Minerales. Ediciones Laureano Fueyo Cuesta.

YOUNG, G. J.: *Elementos de minería.* Editorial Gustavo Gili, S.A.

Reglamento de Normas Básicas de Seguridad Minera e Instituciones Técnicas Complementarias del Ministerio de Industria y Energía.

Servicio de Prevención de Accidentes de la Mutualidad de Empresas Mineras e Industriales de Asturias.

NOTAS